雕栏玉砌今犹在
汉中古建镶石础鉴赏

古建筑石礅编撰委员会：

徐汉杰　雷祥雄　詹永胜

张振常　李　海　陶劲松

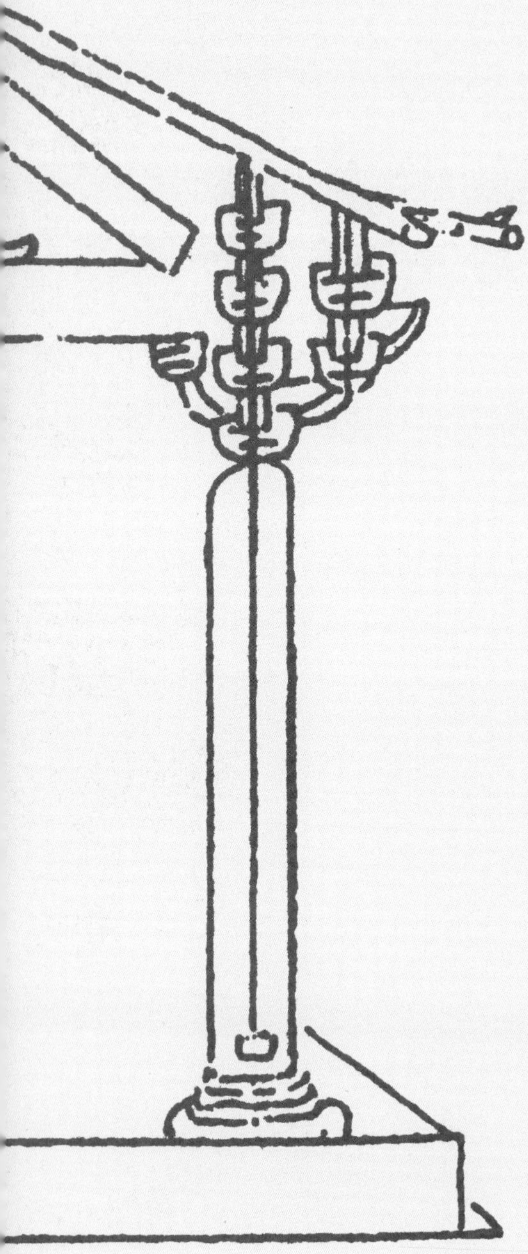

雕栏玉砌今犹在

汉中古建筑石礅鉴赏

蔡乃武　编著

西泠印社出版社

目录

雕栏玉砌今犹在

汉中古建筑石礅鉴赏

前言

地球是人类的家园，岩石是地球的骨骼。

石头是人类文明演进中不可或缺的朋友。岩穴为居，石头为器，人类的童年离不开岩石的庇护和帮助。在西方，近代考古学以此总结出人类最初的发展阶段——旧石器时代和新石器时代。同时将最名贵的天然宝物，均归于石头的范畴，如红宝石、蓝宝石和钻石等。

而在我们这个拥有五千年文明的东方大国，石头与中华民族的关系，更是与生俱来，与时俱进，物质而精神，经济而政治，宗教而人文，须臾不离，演绎升华，远古迄今，展示出汪洋恣肆、绚丽多彩的文化长卷。女娲补天，精卫填海，这两则古老的神话传说，历久弥新，妇孺皆知，其内核是华夏人文始祖筚路蓝缕以启山林的开创之功，同时表明了石头在其中所起的重要作用。及明清之际，人文意识觉醒，其显著标志是小说创作的兴盛，其中两部经典名著，《西游记》和《红楼梦》，不论是浪漫想象还是现实考量，它们的主人公孙悟空和贾宝玉，竟然均与顽石结缘，是顽石灵化的结晶。从神话传说到文学创作，中华民族经历了沧桑巨变，而文明恒久绵长，对石头的敬畏崇拜始终如一。平凡而普通的石头，以通俗娱乐的文学形式被赋予功能和灵性，深入黎民百姓的心中，积淀为中华民族的文化基因。

王君章高士余曰寫梧竹秀石
奉寄
仲素孝廉并賦詩云高梧疎
竹溪南宅五月溪聲入坐寒
想得此時窗戶暖果園揉
栗紫團團倪瓚

精美石头会唱歌

“凤穿牡丹纹石礅”（清）雕刻细部

“精美的石头会唱歌”，这是一句流行一时的歌词，温婉浪漫，充溢青春朝气，与我国改革开放初期的节拍若合符契。回溯人类演进的历史，这句歌词同样是十分的贴切。

石头是人类社会初期最原始的生产工具和生活用具，并在制造石器的过程中有了原始艺术的萌芽。由于这种亲密的关系，古人很早就对石头的质地、色泽、功用等有了深入而细致的认识和把握，并因此析离和提炼出具有不同功能和鉴赏标准的石头分支。建筑用材无疑是最庞大的体系，同时派生出玉石、砚石、印石、赏石等分支。沉默无言的石头，由于人类的智慧和创造，被赋予了生机和灵性，恰似无数个美妙的音符，在岁月的长河中，演绎和谱写出一首首古雅动人的人文乐章。这些以石头为音符的乐章，有华美的黄钟大吕，有高雅的高山流水，也有喜庆的锣鼓唢呐和通俗的下里巴人。

一些精美小巧的石头，质地致密，色泽美丽，给人以赏心悦目的享受，因此早在远古时期就被古人用作装饰品。美好的东西总是稀罕珍贵，逐渐成为一个人财富和地位的标志。它们最早从石头家族中被分离出来，被赋予了一个圣洁的名字“玉”。东汉许慎《说文解字》解释曰：“玉，石之美。有五德：润泽以温，仁之方也；鳃理自外，可以知中，义之方也；其声舒扬，专以远闻，智之方也；不桡而折，勇之方也；锐廉而不技，洁之方也。”而在《山海经》

清　方座束腰八面开光花卉纹鼓面石礅

高三十八厘米　宽三十四厘米

底座扁平朴实，腰为围栏式鼓架，紧凑内束，纹饰精细生动，鼓面高大丰满，引人瞩目。

清　方座双层八面开光花卉纹石礅

高四十六厘米　宽三十六厘米

形制平易稳重，层层递进，使人联想到唐代大雁塔的造型。四平八稳之上一面形象逼真的扁鼓安然呈现，顿生灵动秀雅之气象。

清 方座双层腰八面开光花卉纹鼓面石礅

高三十六厘米　宽三十厘米

方座扁平。腰分上下两层，底层琢成古砖形；上层为八方围栏形鼓架，开光内饰花卉。鼓面被鼓架凌空托起，近于圆雕扁鼓，生动逼真。

清 方座双喜龙纹鼓面石礅

高三十八厘米　宽二十七厘米

这件作品最值得关注的是它的纹饰。方座一侧刻饰双龙，彼此嬉戏，充满温情，而在它的上方围栏框内，雕镂『双喜』字，上下呼应。曾经威风八面的帝王之龙，在民间艺术家的心目中竟是含情脉脉，充满人间情怀。

等古籍中则记载我国产玉之地多达两千多处。距今四五千年的红山文化、良渚文化时期，玉器已然成为一个方国统治者权力的象征。在良渚文化贵族墓葬中，精雕细琢的玉琮、玉钺、玉璧同时出现在等级最高的墓葬中，表明墓主人生前集神权、军权、财权于一身的至尊地位。唯其如此，良渚文化被确定为中华文明曙光出现的地方。商周以及秦汉时期，玉器依然具有重要的政治属性和神秘的色彩，是帝王权威的象征，是君子美德的体现。玉石与中华文明如影随形，即使在今天，依然是炎黄子孙心目中吉祥美好的神奇之物。玉石奏响的是黄钟大吕、金声玉振的华丽乐章。

玉琮（良渚文化）

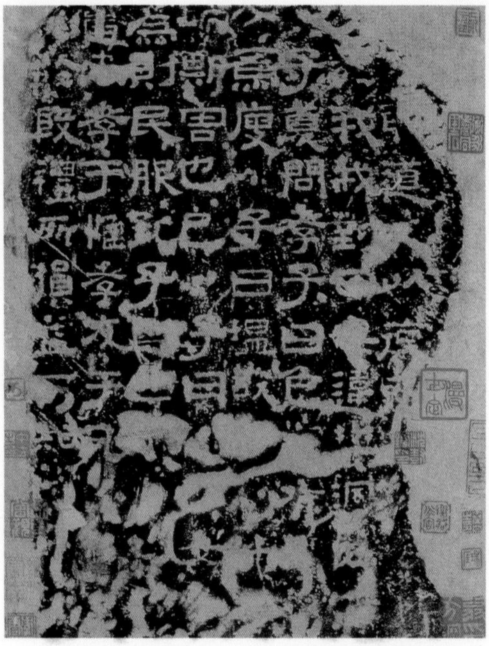
熹平石经（汉）

东汉蔡伦发明造纸术，改变了人类的书写纪事历史，在我国孕育出了独具东方魅力的艺术瑰宝——书法。作为完成书写的必备工具，笔墨纸砚被称为文房四宝。砚是研墨的工具，刚开始时，砚材不甚讲究，鱼龙混杂，陶、木、砖、瓦、石、瓷均有。魏晋时期，随着书法艺术的成熟，书法家对文房用具的品质要求越来越高。西晋傅玄《砚赋》：“木贵其能软，石美其润坚。”石砚的美妙被发现。到了唐朝，石砚已是一枝独秀，端溪石砚更是名噪天下。唐李肇《国史补》云：“端溪紫石砚，内邱白瓷瓯，天下无贵贱通用之。”诗人李贺《青花紫砚歌》：“端州石工巧如神，踏天磨刀削紫云。”唐宋以降，石砚成为最理想的砚材。由于市场需求大，砚石的开采和制作也是十分庞大和讲究，涌现出端砚、歙砚、洮砚、红丝砚、松花砚等饮誉古今的名品。这些文房佳器，出于草莱，奉于案头，集雕刻工艺和文人雅事于一身，见证了多少“朝为

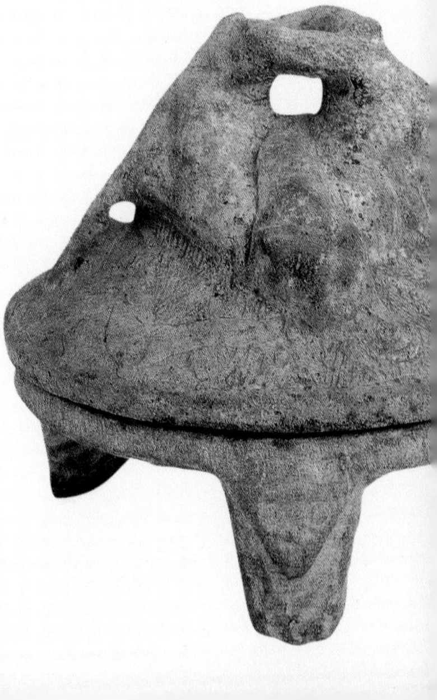
石砚（汉）

《西园雅集图》（局部）　宋·马远

宋元祐元年（1086），苏轼兄弟、黄庭坚、李公麟、米芾等16位名士，于驸马王诜宅邸西园雅集。马远据此所绘，此为其中一段，画的是米芾挥毫作书，诸友凝神围观。

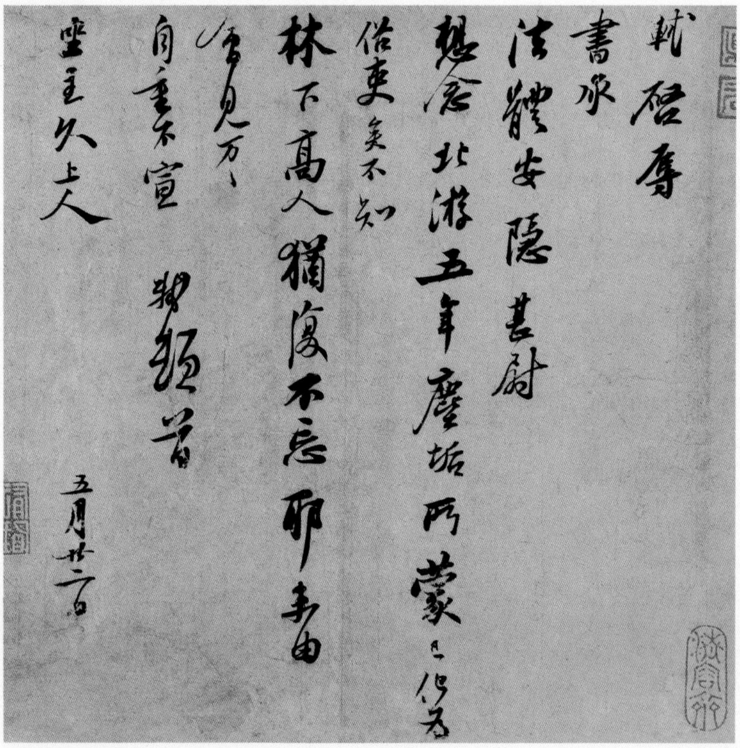

《北游帖》　宋·苏轼

田舍郎，暮登天子堂”的学而优则仕的故事，是当今收藏市场中的新宠。砚石奏响的是二重奏，既有通俗的下里巴人，又有高雅的阳春白雪。

宋朝是偃武修文的王朝，是“郁郁乎文哉”的时代，也是将华夏文明臻于造极之境的时代。其中的一个标志便是文人画的兴起。以苏东坡、文同等文人涉足绘画领域为肇端，开启了中国文人画的先河。文人画的界定有许多标准，迄今学术界尚无完全统一，但在形式上必须追求诗、书、画、印四艺兼备，却是大家公认的。这里的印，即是用刀将自己的名讳用篆体镌刻在石质印章上，然后用朱红印泥将印文加盖到书画作品的落款位置。这种印章与先秦和汉唐时期的印玺在材质、制作方式和使用功能上均有显著的区别，属于两个不同的发展系统。由于跟诗文书画联姻，是高雅文人推崇的艺术，因此这里的印，不

古老质朴的石礅与现代园林别墅和谐共处相得益彰

米芾拜石（扇面） 张卫民作

是匠人之凿铸，而是文人之篆刻。它们虽然起步较晚，但是起点极高。至于印材，也是极为讲究，主要是浙江青田的青田石，石质温润，色泽清雅，其次有福建寿山石和浙江昌化石等。篆刻在明清时期获得迅速发展，逐渐从文人画附庸中脱离出来而成为一门独立的艺术，并在清末于杭州西湖孤山创立了专门的学术团体——西泠印社。这种享誉世界的东方艺术的物质载体就是石头，封门青、田黄、鸡血石、浙派、皖派、西泠八家……一曲高山流水，从西泠桥畔奏到奥运殿堂。

除了玉石、砚石和印石，还有一个重要门类，即赏石，也称供石，它们没有实用功能，是专门用作供奉、欣赏的石头。有些存在于大自然之中，与山岳同体，同日月争辉，巍峨屹立。这些雄奇的岩石在古人心目中有如神灵的存在，或烧香磕头以求保佑，或摩崖题刻以纪盛事，或开窟造像以弘佛法。而真正的赏石是规格适中可资移动欣赏的天然原石，并在质地、造型和寓意上均有相当的要求，要符合文人的审美意

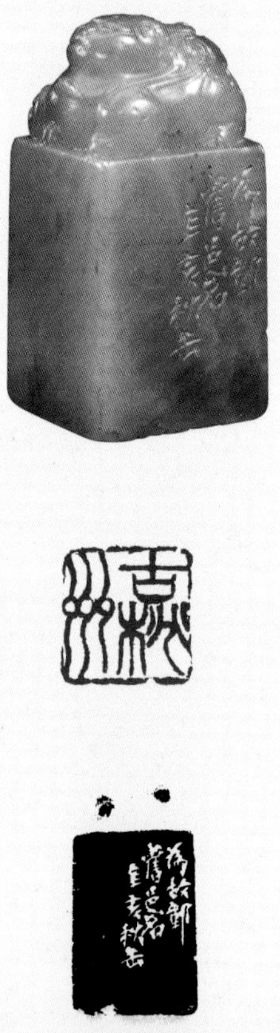

西泠印社所藏　吴昌硕田黄冻石印

趣。赏石也是中国古代文人意识觉醒后的产物。是寄托古代文人士大夫品性、情趣的一个重要载体。有记载表明，至迟从南北朝起，人们已开始欣赏奇石。唐代大诗人白居易把顽石看成知己："回头问双石，能伴老夫否？石虽不能言，许我为三友。"宋代大书法家米芾，更是嗜石成癫，为后世留下了呼石为丈的典故，堪称我国供石赏石文化的鼻祖。赏石崇尚质朴天真、古雅脱俗的境界，这里还有宋徽宗的一份功劳。与米芾异曲同工，他是以九五之尊的地位在江南搜罗奇石，名曰花石纲，以资皇家苑囿的布置。君臣协力，上行下效，将我国的赏石文化推向巅峰。宋元以降，品石赏石成为文人风雅的一种标志。文房案头、厅堂供桌以及庭院花园之中，均须有得体的石头陈设和点缀，否则便有粗俗之嫌。明清时期，更是有不少著作专门评述赏石之优劣以及布置之得失，如明末文震亨《长物志》便是其中代表性的著作，其中"品石"条谓："石以灵璧为上，英石次之。然二种品甚贵，购之颇艰，大者尤不易得，高逾数尺者，便属奇品。小者可置几案间。色如漆、声如玉者最佳。"灵璧石、英石、太湖石、祁阳石、大理石等皆为脍炙人口的名品，其鉴赏标准各有千秋，在形体上普遍追求瘦、皱、漏、透等古怪精灵的视觉效果。同时它们的陈设位置也有区分，如灵璧石、英石多用于厅堂、书房等案头陈设，而太湖石则布置在露天的庭院中。至于祁阳石和大理石，以石纹美观取胜，或紫绿相映或黑白分明，往往加工成规格不同的插屏，置于案头或厅堂。显然，赏石是又一曲奏对知音的高山流水。在文化浩劫的年代，煮鹤焚琴，赏石几成广陵散为绝唱，所幸今日中华，经济振兴，文化复苏，席月抽琴，深山访友，赏心乐事，庶几可待！

《百怪图》两幅，《百怪图》为民国时期著名高僧大休和尚于1928年至1930年所作，所画山石奇诡多姿。

巴山夜雨涨秋池

奔走相告（盛唐时期四川石窟雕刻）

君问归期未有期，巴山夜雨涨秋池。
何当共剪西窗烛，却话巴山夜雨时。

巴山夜雨，西窗红烛，孤馆寒士，香闺丽人。唐代大诗人李商隐的这首绝句，把古代男女之间的千里相思写绝了。而这种美妙意境的真实背景便是巴山夜雨。这种自然境象，成就了文学史上的千古绝唱，殊不知也成就了汉中盆地的石礅艺术。

汉中盆地也称陕南盆地，行政上属于陕西南部，地质构造上则属于四川盆地，位于四川盆地北缘的一个小盆地。盆地东西狭长呈橄榄形，北部是巍巍秦岭，南边是葱郁巴山。秦岭是我国地理学上南北分界线秦淮线的重要地理坐标，也是远古时期形成政治割据、文化差异的一道天然屏障。这里气候温暖雨量充沛，土地肥沃植被丰盛，属于典型的亚热带季风气候，是陕西的江南。优越的自然条件，使这一方水土成为令人向往的人间桃花源。这里是动植物的天堂，四周的山岭上生长着大量的亚热带植物，迄今为止尚有连片的次生原始森林。唯其如此，举世公认的珍稀动物大熊猫、金丝猴、朱鹮、牛羚等能够繁衍栖息至今，被中外学者誉为奇迹。这里也是政治家休养生息东山再起的福地。汉高祖刘邦在暴秦覆灭后，与楚霸王项羽争天下，经过四年楚汉战争终于赢得天下。这里正是刘邦初封为汉王时的封地。刘邦以汉中盆地为根据地，保境安民，厉兵秣马。一旦兵强马壮，翻越秦岭，先入关中为王，再顺汉水而下，直达荆楚——楚霸王的心腹软肋。这里成就了刘邦的帝王霸业，被誉为汉朝的摇篮。这个面积不大的山间盆地被称为汉中盆地，而发育于这里的一条长江中游的最大支流，被称作汉水。这里又是各种文化基因交流沉淀的地方。相对独立的地理环境，物产富饶的鱼米之乡，犹如一个聚宝盆，足以形成独具特色的亚文化，加以少受外界干扰，可以循序渐进，健康发展。同时独立而非闭塞，八方风雨，咸会于此。关中平原的汉风唐韵，巴蜀文明的温柔敦厚，荆楚之地的瑰奇浪漫，她都可以从容淡定地面对，一如闺中熟女，或不屑一顾，或信手拈来，成就自身的雍容优雅，仪态万方。沈从文《中国古代服饰研究》在论述前蜀王建墓的石棺座浮雕时指出："这个石刻，虽完成于五代前蜀四川成都，但由于唐封建主玄宗和僖宗两次逃亡四川，中原艺术家先后逃难入蜀的很多，蜀中历来特别富庶，手工业十分发达，并且是生产锦绣地区，受战争破坏较少，所以画面反映的和墓中其他出土文物花纹图案，还多保留唐代中原格局。劳动人民工艺成就，健康饱满，活泼生动，不像稍后孟蜀文人流行《花间集》体词中表现的萎靡纤细，颓废病态。"尽管沈从文先生评述的石刻，在时代、地点和对象上都与今天探讨的石礅存在着诸多差异，但若仔细推敲，汉中盆地较之于四川盆地，却是具体而微，是浓缩的精华，因此对于我们深入的鉴赏研究是有指导意义的。

汉中地区石刻建筑构件的发达，除了石材资源丰富优良的客观因素外，另一个重要因素，是这里的气候温暖而湿润。"巴山夜雨涨秋池"，这对木构建筑是致命的伤害，因此古人在构造房屋时，对于风雨湿气会侵蚀到的部位，如门庭、照壁、墙基、柱础等，尽量采用石质构件，而且尽量增高增大，这也是汉中盆地石礅较之别的地区更为高大的主要原因。作为反证的例子，同样属于陕西省版图内的关中平原，雨水稀少，房屋的屋顶结构便较少考虑雨水下泄的功能，石质柱础也是发育不良。这种情况早在新石器时代的西安半坡遗址中便有了历史渊源。而在陕北的黄土高原，气候更是寒冷干燥，当地居民因地制宜，放弃了木质和石质建材，发明了窑洞这种独具地域色彩的居住形式。

此外，这里相对稳定的政治和富庶的经济环境，使石匠手工业获得优裕而持久的产销市场。石刻艺术得以代代相传，精益求精，就像国宝大熊猫一样，少受饥荒和战争的破坏，能一直传承延续。这种相对稳定的自然地理环境和社会经济结构，使这里成为各种思想意识、文化艺术和审美意趣互相渗透彼此包容的地方。

传为老子创立的道教，是我国固有的宗教。道教在汉唐十分兴盛，汉中更是重要发扬地，天圆地方的宇宙观以及阴阳八卦的道教思想均在石礅的造型和装饰上反映出来。《淮南子》记载："昔者共工与颛顼争为帝，怒而触不周之山，天柱折，地维绝。天倾西北，故日月星辰移焉；地不满东南，故水潦尘埃归焉。"又载："往古之时，四极废，九州裂，天不兼覆，地不周载……于是女娲炼五色石以补天，断鳌足以立四极……苍天补，四极正；淫水涸，冀州平……背方州，抱圆天。"这些古老的神话传说，是中华民族传统宇宙观的体现，也是华夏先民造房防雨的真实记录。天圆地方，天覆盖，地承载，中间立四柱，撑起一片天地，人类得以在这一方天地间生息繁衍。小而言之，则天下便是一个家，大小合一，天时地利人和，中华民族瓜瓞绵延，千秋万代。尤其是整体造型，四方底座和鼓形台面，中间是高挑的方立柱，不仅符合了柱础平稳扎实和防潮防霉的实用功能，而且也是老庄学说中关于天地人关系的真实写照。

《易经》是中国古老的哲学论著，是中华文化之一脉源头活水。在中国古代建筑史上，《易经》阐述的一些基本原理，也得到了充分运用。如"天一生水，地六成之"，便是关于水的一个表述。古人考虑到木构建筑防火的重要性，不仅实实在在警惕火烛，并在天井庭院挖水池贮大缸以资用水灭火，而且在建筑格局和细节设计上将这种意识具象化。如著名的明代宁波天一阁藏书楼便是最显著的实例。不仅直接以"天一"命名，而且阁楼之开间不是常见的三、五奇数，而是罕见的"地六成之"的六间。也许是命数护佑，"天一阁"真正实现了主人范钦的初衷，火烛不侵，历劫不毁，岿然屹立。著名学者苏渊雷诗曰："琴剑飘零舑宋空，千卷散尽海源同。峥嵘一阁留天壤，文献东南此大宗。"当年乾隆皇帝启动浩大的文化工程，编纂《四库全书》，并在江北江南共建七阁藏书楼以资藏庋，这些皇家藏书楼的开间设计乃至整个格局也是模仿天一阁的规制。而在这批石礅中，同样能发现按照《易经》这一理念雕刻的石礅，具体表现在中部立腰的开面凿成六面形。

佛教尽管是外来的，两汉之际才从印度传入我国，却在我国获得广泛传播，唐宋以来完成本土化后更是开枝散叶，拥有众多的信徒。而作为佛教的物质载体和艺术表现形式，我们在石礅中可以明显看到几个方面的东西。一是须弥座的底层结构造型，二是莲花瓣形的装饰艺术，三是八面经幢式的腰柱形制。当然这些佛教因素，反映了不同层次的佛教影响，一是一些石礅本身就

清　方底鼓面宝塔花卉纹石礅

高四十五厘米　宽三十厘米

佛教自两汉传入我国，影响既广且深，及唐代完成本土化后，更是深入到中国古代社会的方方面面，成为传统文化重要元素。这款石礅之底座呈须弥式，系来自佛教之造型艺术，尤为难得的是装饰也直接移植佛塔形象，为密檐式五层宝塔。

清　方座鼓面狮福纹石礅

高四十九厘米　宽三十厘米

须弥式高座。围栏托出扁鼓面。形制稳重吉祥。围栏正面雕刻双狮守福纹。将古人美好的愿望形象地刻画出来。

清　方底八面高立腰开光鼓面石礅

高六十六厘米　宽二十六厘米

这种高立腰的石礅，已部分承担了木柱的功能。由于木结构最忌火烛，古人便尽量以石代木，只是高大的石材在采取、搬运和架设等方面的局限而只能止步于一定的规格内。

明 方座圆台瑞兽缠枝花纹石礅一对

高四十二厘米 宽五十八厘米

圆台扁鼓形，颈部内束，浮雕仰覆莲瓣。底座四方。双层腰，上圆下方，上层通景高浮雕缠枝莲纹，下层八方形，开八个长方形开光，开光内剔地高浮雕饰嘉树瑞兽。层次丰富，雕琢精良，寓意祥瑞，为典型的明代晚期石雕风格。

是佛教建筑的构件，因此直接打上了佛教文化的烙印；二是它们并不是佛教建筑，但匠师采用拿来主义的手法，将须弥座、经幢面这种庄重又不失灵秀的造型和莲花之高洁美好寓意移植到石礅的形体设计和装饰艺术中。何况到明清时期，海纳百川的中国文化已将儒释道三家融会贯通，合而为一了。明清以来，佛像、家具、神龛、坛、台、塔、幢及珍贵建筑物上均有须弥座的应用，其他如古玩、研山、花池等，亦有用须弥座以承托者。而莲花更是三家同尊的清雅圣洁之花，亦即是说，经过千百年的融汇升华，它们已然成为中国传统文化在造型和装饰中雅俗共赏的基本规范和审美要素。

至于儒家因素，也可举出不少例子，最值得关注的是其中葵花的造型和装饰。葵花亦称向日葵，其生物特性是顶部的花朵果实总是向着太阳而转动，一旦太阳落山，则垂首而立，仿佛唯君命是从的臣子形象。因此在儒家思想为正统的封建时代，人们便将这种生物特性拟人化、政治化，赋予葵花明确的政治寓意。乾隆皇帝曾在一件南宋官窑青瓷葵口洗上咏诗镌铭：“设曰葵花喻忠赤，师诚辈岂果其人。”可谓将唐宋以来瓷器造型中的葵花式之政治寓意和盘托

明　四方束腰葵花海浪纹石礅

高三十九厘米　宽三十七厘米

四方高束腰，形制罕见，当为厅堂中支承方柱的石礅。正面束腰处浅浮雕一朵盛开的葵花。乾隆诗云『设曰葵花喻忠赤』。这件石色红赤的石礅，装饰又以葵花为主题。形象地表达了古人对石礅功用的美好祈愿。

清 六方开光人物花卉纹鼓面石礅一对

高四十二厘米 宽三十七厘米

面扁圆，底六方，腰短束。这种形制的石礅寓意天一生水，地六成之。水克火，以生水防火。结合圆台面和束腰的纹饰，这款石礅之仿生对象应是葵花，葵花寓意赤胆忠诚，历代为正统思想所倡导。

出。而对于我们这批出生于二十世纪五六十年代的人来说，葵花具有的赤胆忠心寓意更是耳熟能详，没齿难忘。“文化大革命”期间，个人崇拜到了疯狂的程度，为了表达对伟大领袖的忠诚，全国人民马列不离口，宝书不离手，早请示晚汇报，天天跳忠字舞，在美术领域，则是葵花题材汹涌泛滥，汪洋一片，“朵朵葵花向太阳，红心献给毛主席”。在这批石礅中，葵花题材占有不小的比例，如果不仔细鉴别，容易跟荷花、菊花混淆，其实只要稍加注意，便是豁然开朗、泾渭分明。因为匠师采用的均是写实手法，写生生动形象，而且对每一件作品均有全盘的考虑和主题的把握，绝不会出现后世臆造仿冒品那种文不对题的乱象。葵花既寓意忠赤，匠师通过葵花之形寓忠，而用石材之色寓赤。于是发现一个规律性的现象，凡是葵花题材的石礅，匠师选用的石材皆为红赤色，可谓苦心孤诣，匠心独运。

除此之外，便是名花异卉、灵禽瑞兽，所谓纹饰必有寓意，寓意必然吉祥，体现了人们朴素美好的愿望。这些喜闻乐见的题材，不论是工匠还是主人，既是创造者又是批评家，对物写照，刻意求真，具有极高的艺术鉴赏价值，个别题材还有重要的科

明　吉祥花卉方形门当一对

高三十三厘米　宽三十五厘米

成对形制，保存良好。以折枝花卉和瓶花为装饰，刀法细腻，线条优美，运斤如笔，别具神采。

明　一路连升荣华富贵门当一对

高三十六厘米　宽三十八厘米

门当成对，且保存良好，殊属不易。三个立面均开长方形开光，采用剔地高浮雕技法装饰画面，这样能有效地防止人员与货物进出大门时对它们造成损伤。雕琢精细，形象生动，有莲池鸳鸯和牡丹吉羊等，寓意一路连升、富贵吉祥。

熊猫在翠竹丛中嬉戏觅食

清　方座八方围栏腰开光鼓面石礅

高三十五厘米　宽三十二厘米

圆鼓面，四方座，微束腰八面围栏。方座之形制和纹饰仿秦砖汉瓦，表明匠师对秦汉之物有精深的了解。而开光中有一幅画面，是一只熊猫在翠竹丛中嬉戏觅食，这无疑是具有重大科学价值的题材，表明在汉中盆地，当地百姓对熊猫这种可爱的动物不仅司空见惯，而且十分珍爱。

学研究价值。通过仔细辨认，有几款石礅上面采用半圆雕技法雕刻的动物，竟是鼎鼎大名的大熊猫和金丝猴！虽然这些可爱的动物被外界所知是很晚的事，国际学术界还认为是外国的科学家确认了大熊猫这种第四纪冰川时期孑遗的动物。通过这几款石礅文物，可以证明，在明清甚至宋元时代，它们在当地都是较为常见的动物。它们与汉中的百姓和谐共处，被视为吉庆祥瑞的生灵，从而被镌刻在石礅上，流芳百世，鉴昭后人。另外是八方、六方腰柱上纹饰。由于整个柱础以腰部位置最为引人注目，所谓眼观六路、风光八面，因此匠师在这里苦心经营，不论是总体的布局和风格，还是具体的题材和技法，均一丝不苟、尽善尽美，仿佛一堂堂题材新颖别致的条屏，上面雕刻花鸟或花卉题材。有些花草鸟虫，通俗易懂，妇孺皆知；而有些花草纹

石礅开光内剔地浮雕刻的动植物图案

清　方座八面围栏开光飞禽花卉竹节纹鼓面石礅

高三十三厘米　宽三十二厘米

方座厚重粗犷。八面围栏腰，以竹杆为栏，顶天立地，而围栏之间系以绳纹，仿佛江南农家之竹栅，颇具民间气息，表明古代匠师善于从日常生活中汲取艺术创作的灵感。

清　方座鼓面灵禽花卉纹石礅

高三十七厘米　宽三十二厘米

底座方厚敦实，鼓面简练生动。腰呈八面围栏形，八个开光虚实相间，刻饰灵兽异卉，画面生动清新。刚柔相济，方中寓圆，品相佳美。

清　狮子云纹门当

高三十七厘米　宽四十六厘米

匠师运用陷地深浮雕技法，凿刻出一头灵动的雄狮，祥云与狮纹相配，使画面更具活力。狮谐音师，寓意门庭富贵，官拜太师少师。

清　鹿鹤同春纹门当

高四十厘米　宽五十厘米

三面开光内剔地浮雕仙鹤、神鹿和锦鸡等吉祥纹饰。刻划生动，寓意雅美。

明 凤鸟纹门当一对

高三十四厘米　宽三十三厘米

明代门当，成对保存，品相完好，十分难得。正面开光内剔地浮雕一只凤凰，昂首展翅，羽毛飘扬，向着旭日祥云翩翩起舞。龙飞凤舞，龙凤呈祥，这些家喻户晓的题材，寄托了中国人多少美好的祈愿和企盼！

明　方座八面围栏腰松亭如意绳纹圆台石礅

高四十四厘米　宽三十六厘米

底座四方厚实，圆台扁鼓形。八面围栏式高立腰，围栏开光中画面最具特色，剔地深挖，或为苍松，或为亭台，充满诗情画意。

民国　须弥式覆锦方座鼓面围栏刻字石礅

高三十九厘米　宽二十八厘米

继承传统形制，更显稳重雄浑，而『创文明』等文字的出现，定格了一代文明之时风。『一物一沧桑』，所谓传承与延续，从这件古趣盎然的民国石礅中获得了很好的注脚。

饰，尽管匠师同样采用象形肖物的写实手法，恕笔者简陋，无法一一辨认，需要植物和中草药方面的专家来认真研究。因此，可以说，这些石礅还是一部石刻的《汉中植物志》，同时也堪为明代李时珍的《本草纲目》拾遗补缺。

再看这些石礅的底座，除了平实的四方座、端庄的须弥座外，直接模仿当时当地家具造型的占了相当的比例。一张小方几形制简约，敦厚稳重，面覆锦幪，充满了人间真趣和家庭温馨。可以想见，冰冷坚硬的石头，凭藉大匠们的情怀被捂得温暖舒适，而惟妙惟肖的写实，削石如木，挥洒自如，是何等炉火纯青的手艺。这些忠实记录的古典家具款式，王世襄先生若泉下有知，也会喜出望外，再执如椽大笔，补录到他的名著《明式家具珍赏》中。

清　八方底座鼓式石礅四件套

高五十一厘米　宽三十二厘米

四件成套，十分难得。造型别具一格。由底座和鼓面组成。底座为八方形，鼓面为腰鼓形，仿佛鼓凳置于石座上，古雅结实，可为配套的茶几坐具。

清　方座覆锦纹六方围栏开光吉祥纹鼓面石礅

高四十二厘米　宽二十七厘米

座呈小方几承托泥式，腰作六面围屏形，礅面扁鼓形。这种造型设计，将厅堂的家具样式浓缩到一方石礅中，颇具匠心。覆锦和屏面呈现十个题材古雅的画面，可亲可赏。

明　灵芝纹小香几

高二十八厘米　宽六十厘米

仿硬木家具，为小条几之形象。台面长方形，束颈，下承四条内弯腿。牙板上浅浮雕一棵灵芝，且边线饰凸棱。模仿之精，几可乱真。

清　缠枝水草纹带底座长条鱼缸

高九十厘米　宽二百四十三厘米

用材硕大。外壁饰以水草纹，与养鱼之功能寓意完美结合。下承一对支架，可合可离，方便自如。

清　方座八方开光花卉纹鼓面石礅

高三十四厘米　宽二十五厘米

把欣赏的目光集中到八面经幢形的腰部，每个开光内皆雕花枝，它们形断意联，合成通景的缠枝花纹。这种艺术手法与彩瓷装饰中的过墙纹是完全相同的。

清　方座八面围栏腰如意头鼓面石礅

高五十五厘米　宽三十五厘米

方座四方厚实。腰内束，分二层，为须弥式座托八面围栏腰，面为扁鼓式，栏杆头为如意形。形制独特，风格素雅。

明　玉兔麒麟纹门当一对

高三十六厘米　宽五十二厘米

玉兔在中国传统文化中是月宫的主人，月兔捣药，去病长生。在民间，兔又寓富。这件门当中的玉兔，生动形象，活泼可爱，运锤如笔，体现了石雕匠师高超的艺术水准。

明 方座束腰八面吉祥纹石礅

高三十八厘米 宽三十八厘米

四方高束腰，形制少见。面与座均装饰花纹，一繁一简，上下呼应。束腰处开八个长方形开光，采用剔地浮雕法饰八个独立的画面，灵禽瑞兽，嘉木名卉，仿佛一堂精妙的条屏。

清 方座双层腰八面开光缠莲纹圆台石礅

高三十五厘米 宽三十四厘米

天覆盖，地承载，中间为人间万象。这款石礅即体现了这种理念。扁圆的鼓面为天，厚实四方的底座为地，双层八面的高束腰则为人间万象，共十六个开光，寓世间万物生生不息。鼓面并以精美的缠枝莲纹装饰。

清 方底鼓面和为贵花卉纹石礅

高四十二厘米 宽三十四厘米

底座四方厚实，腰呈须弥式，上高浮雕童子祈福等纹饰，面为围栏托扁鼓面，上刻菊花莲瓣。造型敦厚，结构复杂，纹饰丰富。

清 方座鼓面八面围栏菊花纹石礅

高三十五厘米 宽三十五厘米

造型稳实规矩。围栏腰上雕饰绳纹和菊花，更是朴素大方。

明　方座圆台八面吉祥花莲瓣纹石礅一对

高六十二厘米　宽六十厘米

『一礅一世界』，这件石礅，圆台方座八面立柱腰，暗寓中国古代天圆地方人间万象的世界观、宇宙观。圆台饰莲瓣，底座为方几承托泥式。八面立柱腰则剔地浮雕奔鹿和名花异卉，古人心中的世界一片光明，生机蓬勃。

清　方座束腰八面围栏缠枝花卉鼓面石礅

高三十五厘米　宽三十五厘米

底座四方，模仿秦砖，厚重古雅。双层八面束腰，紧凑的鼓架将一面醒人眼目的圆鼓稳稳托起，充满艺术美感。整器造型似佳人，丰胸细腰，独具风韵。

清　方座围栏腰锦鲤水藻纹鼓面石礅

高四十五厘米　宽三十二厘米

方座厚实粗犷，给人以安如磐石之感。而腰和面则精细写实，乃一面铜鼓支在鼓架上，仿佛一触鼓面便会发出振奋人心的声音。

清　方座瓜棱面围栏腰开光花卉纹石礅

高四十六厘米　宽三十八厘米

仅从雕工而言，完成一件石礅，几乎将圆雕、透雕、浮雕等各种技法全部用上。这件令人耳目一新的作品，不仅技法高超，画面简洁，线条流畅，而且在造型上的束腰处理，更是匠心独运，使之刚柔相济，稳中见秀。

须弥座

亦称“须弥坛”、“金刚座”，源自印度佛教建筑，是安置佛像、菩萨像的台座。是一种或方或圆，上下台基平齐而中间凹入的基座形制。材质不拘，由最初的木、石、砖陶拓展到金银铜铁和宝石琉璃等多种材料。

须弥座当随佛教东来而传入我国，但迄今发现的最早实例是山西云岗北魏时期的石窟造像。唐宋以降，须弥座已不局限于神圣的佛教建筑中，在一些宫殿等尊贵建筑中也开始采用，但对其形制有详细而明确的规范，如宋李诫《营造法式》规定：“叠砌须弥坐之制：共高一十三砖，以二砖并立，以此为例。自下一层与地平，上施单混肚砖一层，次上牙角砖一层，比混肚砖下龈收入一寸。次上罨牙砖一层，比牙角出三分。次上合莲砖一层，比罨牙砖收入一寸五分。次上束腰砖一层，比合莲下龈收入一寸。次上仰莲砖一层，比束腰出七分。次上壶门柱子砖三层，柱子比仰莲收入一寸五分。次上罨涩砖一层，比柱子出一分。次上上方涩平砖两层，比罨涩出五分。”

明清以来，须弥座这种庄重典雅的造型，已成为一种“有意味的形式”，被广泛运用于非宗教的建筑物、室内家具和案头文玩等的底座形式设计中。

清　须弥座八方束腰开光八宝纹鼓面石礅

高五十厘米　宽三十九厘米

扁鼓面，椭圆形开光内刻饰瓜棱纹，下腹刻饰如意云纹。腰内束，八面立柱形，八个开光内浅浮雕佛家八宝。座四方高大，须弥座上覆锦纹，庄严华美。一礅而融儒、释、道三家精义，博大精深，此之谓也！

清　须弥式方座兰草瓜果鼓面围栏石礅

高四十二厘米　宽五十三厘米

须弥座，围栏腰，扁鼓面，造型敦厚庄重，而瓜果兰草等装饰题材，则清雅脱俗。

明 方座圆台镂空凤鸟纹石礅一对

高四十五厘米 宽四十厘米

底座设计成方几形，上覆锦面。腰采用镂空透雕技法饰凤穿花纹。面为束颈圆台，束颈处饰绳纹。这对历劫犹存的明代石礅，从造型和纹饰均具鲜明的时代特征，堪称标准器。

明 方座六面围栏腰开光杂宝纹鼓面石礅一对

高四十厘米 宽三十厘米

鼓面方座，扁仄低调，而六面围栏腰，轩敞鲜明，成为画面的主体。这对品相佳美的石礅，形制独特，雕工精美，值得重点关注。

围栏开光内雕刻的花纹组合

清　方座八面围栏腰开光吉祥花莲瓣纹鼓面石礅

高三十三厘米　宽三十三厘米

台面扁鼓形，下腹刻饰莲瓣纹。腰呈八面围栏鼓架形。栏杆头刻成如意形。围栏开光内剔地浮雕水仙、荷花等吉祥花卉。品相上乘，雕刻尤为精美。

明 方座八面腰开光花卉莲瓣纹圆台石礅一对

高四十厘米 宽三十八厘米

石质坚致，色泽素净。台面琢成莲蓬形。腰呈八方立柱式，八个开光均采用剔地浮雕技法，各饰盆景朵花，运锤如笔，形象生动逼真。座四方，亦作形象设计，四方矮几形，平添灵秀之美。

明　方座八面腰开光花鸟纹鼓面石礅

高三十九厘米　宽三十四厘米

底座四方，腰呈八面立柱形，开光内雕饰花鸟纹，颈部内收，刻饰覆莲瓣纹。扁鼓形台面。

明　方座八面腰开光花卉鼓面石礅

高四十厘米　宽三十四厘米

面呈盛开的莲花形，烘托出圆形的莲蓬，从而将实用和艺术巧思完美结合。腰呈八棱八面之形，开光内减地浮雕缠枝花卉，底座四方，敦实稳重。

清　方座八面围栏腰开光花卉鼓面石礅

高四十五厘米　宽三十二厘米

方座上一面鼓安稳地置放在鼓架上。合宅安定，家声香远之寓意备也，既重实用又显巧思之匠心见也。

清　香几式覆锦纹方座八面开光花卉纹鼓面石礅一对

高四十四厘米　宽三十四厘米

底座四方高大，雕镂成香几覆锦式。腰八方围栏形，上饰花卉和寿字纹。台面圆形，扁鼓式。成对保存，品相佳美。

清 香几霞锦式方座六面围栏开光高立腰鼓面门礅

高六十六厘米 宽二十六厘米

这是门当与门柱之组合体。豪门大宅，门面最重要。因此石雕匠师不惜拿出看家本领在这里展示技艺和才华，不仅为主人光耀门庭，也为自己做实体广告。这件美轮美奂的作品便是最好的证明。

清　方座八面开光高束腰卐如意纹鼓面石礅

高三十六厘米　宽三十六厘米

品相完美，亭亭玉立。是石礅中以造型取胜的典范。

清　方座八面围栏开光花卉如意头鼓面石礅

高三十六厘米　宽三十二厘米

底座四方扁平。八面高立腰，是鼓架，更似围屏，每个屏面皆雕花，颇具装饰效果。

清　瓜棱形花瓣纹石礅一对

高二十六厘米　宽五十五厘米

这是一对颇为别致的石礅。石材细腻橙红。匠师巧用石色，将其圆雕成一枚成熟的南瓜形，下承一片舒卷的瓜叶，更为生动形象。

清　方座双层八面围栏腰鼓面石礅

高三十七厘米　宽三十八厘米

扁鼓面丰满形象，双层八面围栏腰，微内束，错落布置。方座扁平宽大，与铺地砖匹配契合。

清　方座八方腰竹节开光花卉纹圆台石礅一对

高三十八厘米　宽三十八厘米

成对保存，品相佳美。方座高大厚实，几占石礅二分之一体积，使之安如泰山。腰相对变得宽矮，琢出八个竹节形开光，内饰花卉纹，若进行墨拓，则是一轴颇具文人意趣的花卉手卷。

明　方座双层八方高立腰开光花卉纹石礅一对

高五十五厘米　宽三十九厘米

这种造型的石礅，很好地诠释了我国古代天圆地方人间万象的宇宙观。礅面圆鼓形，腹部浮雕通景的缠枝莲纹。腰为双层八面，下层立面刻饰回纹，上层雕琢牡丹、荷花等吉祥花卉。底座四方扁平。石质精良，形饰俱美，且保存完好，值得重点关注。

清　方座圆台六面高立腰开光松柏纹门礅一对

高六十九厘米　宽三十厘米

门礅成对，乃古代豪门之颜面也，仿若当今五星级宾馆之迎宾也。这对门礅，材质、造型和纹饰均佳，且规格高大、寓意清雅，既可陈设，又能作花几之实用。

清 方座八面开光花草寿字纹圆台石礅

高三十六厘米 宽二十九厘米

圆鼓面，四方座，双层八面腰，围栏开光内雕饰寿字纹和花草图案，鼓与栏杆之间深挖高浮雕，使之形象丰满、端庄而灵秀。

清 方座鼓面八面围栏花卉铺首纹石礅

高四十五厘米 宽三十厘米

四方高束腰底座，八面围栏托扁鼓面，又用圆雕、浅浮雕技法刻饰铺首、荷花等纹饰。层次丰富，技法多样，足见匠心之巧。

清 方座隐腰方凳面瓜棱纹石礅

高三十九厘米 宽三十厘米

形制独特，打破常规。常见的扁鼓面变成了方凳形。而腰被隐蔽在方凳内，并将其圆雕成南瓜形，依然是方中有圆、天地俱在的设计理念。这位匠师是真正的开拓创新大师。

清 香几覆锦式方座八面围栏腰万寿纹鼓面石礅

高四十八厘米 宽三十六厘米

这款石礅最独特新颖处便是八面围栏腰开光纹饰，皆雕镂成卍字纹，四字相连，若一扇扇窗棂，通透典雅。

明 镂空香几式方座六面开光腰绳纹圆台石礅一对

高四十五厘米　宽四十厘米

底座呈香几式造型，采用深浮雕、镂空等技法，使之形象生动。腰作六面方形，开光内亦采用剔地深浮雕技法，使画面主题更具立体感。台面扁鼓形，并饰以绳纹，为明代典型纹饰。

清 方座双层八面开光花卉鼓面石礅一对

高三十八厘米 宽三十四厘米

底座扁平，与铺地砖相似。腰双层，为地砖上置围栏鼓架之形象设计。开光内雕饰各种名花异卉，扁鼓形台面，稳稳地安放在鼓架内。

清 香几覆锦座双层腰开光花卉纹鼓面石礅一对

高五十三厘米 宽三十九厘米

这对石礅结构严谨，层次丰富，尤值鉴赏，纹饰雕琢极为认真，无一处懈怠偷懒。如香几之刻划，可谓惟妙惟肖。

清 剔地高浮雕仕女纹构件

高一百零二厘米 宽六十三厘米

为门厅建筑构件，左右对称，上架门楣，顶端出挑部分若木结构之牛腿。青石质，材质精良，雕镂尤精。高浮雕的仕女身姿婀娜，眉目清秀，衣饰刻画亦写实传神，为石雕仕女之精品力作。

明 方座双层腰八面开光花卉圆台石礅一对

高四十九厘米 宽四十五厘米

基座四方扁平，与鼓面之形象相称。腰部则气象万千，有上下两层，共十六个开光，开光内高浮雕各式祥花瑞草，摹刻精工，形象逼真。

清 方座鼓面束腰八面花卉纹石礅一对

高二十八厘米 宽三十四厘米

石材似青砖，石雕如砖雕。鼓面和立腰之花卉纹，皆用高浮雕技法，也给人以砖雕的艺术效果。

明 剔地高浮雕平安富贵纹花板

高八十一厘米 宽四十七厘米

大小适中，纯粹的石雕艺术品。中堂陈设布壁。可加红木框为挂屏，或配插座，为插屏。

清　方座束腰高圆台瓜棱纹石礅一对

高六十三厘米　宽三十厘米

高高的圆台，其实是木柱的替身。古代总结木结构容易被火烧的教训，尤其是祠堂宗庙等香火不绝的地方，便在石礅上加筑石柱以防火烛。石柱下便是石礅，瓜棱面，四方座，双层八面高束腰，是匠心独运的佳作。

清 方座八面围栏托鼓面石礅

高三十五厘米 宽三十四厘米

基座厚实粗犷，八面围栏工写兼备，尤其是开光内仅用垂直的弦纹，仿佛一扇扇待君开启的珠帘，给人以浪漫的想象。

清 须弥覆锦方座围栏开光八宝圆台纹石礅

高三十九厘米 宽三十六厘米

这是一件材艺双美的作品。底座为须弥座覆锦式，腰为八面围栏形，围栏框内雕饰佛家八宝纹，扇鼓面安在栏架内，给人以浑然一体之感。整件作品最具艺术价值的地方是下弧的线条，垂锦、横栏和覆绸若行云流水，巧夺天工！

清　开光吉祥花托钱纹方形石礅

高四十厘米　宽三十一厘米

这种方形石礅，多用于门庭入口处，与方形门柱相配，故称门礅。画面近正方形，边框双层围栏，内刻饰吉祥花托宝钱纹。寓意美好，画面工整，如一幅精细的剪纸贴在窗棂上，是匠师吸取民间剪纸艺术的成功范例。

清 花几座牡丹纹鼓面石礅

高三十三厘米 宽三十厘米

圆鼓面，又琢以瓜棱和仰覆牡丹纹。腰部为一张四方花几之形，内弯腿灵巧而有力度，镂空技法琢出花几内的瓜棱，使形象更加立体丰满。底座四方似铺地砖，也是花几之托泥。整器设计合理，技艺高超，堪称精品。

清 方座六面围栏高立腰开光缠枝纹鼓面石礅

高六十六厘米 宽四十七厘米

基座四方厚实。高立腰，琢成六面围屏式。开光内素净无纹，顶面呈扁鼓形。形制秀雅，玉树临风。顶置盆花，乃古雅花几，满室生辉。

清　须弥座八面围栏开光花卉纹鼓面石礅

高四十一厘米　宽二十八厘米

这件作品有三点可谓别出心裁：一是须弥座的造型；二是围栏腰底部的镂空装饰；三是围栏开光内别地成鱼子纹这种手法。

清　方座八面开光花卉鼓面石礅

高四十五厘米　宽三十八厘米

材形俱佳，品相完好。座、腰、面均刻饰花纹。八面围栏乃重点装饰部位，一幅幅精彩的花鸟画，绵延不绝，仿佛置身山阴道上，令人应接不暇。

明　方座圆台飞禽走兽纹石礅

高四十四厘米　宽四十一厘米

座呈须弥式，上覆锦作三角形垂挂。内浅浮雕灵禽瑞兽。台面圆形，下饰八棱围栏，内作八个长方形开光，用相同技法饰莲池荷花。方中有圆，稳中见秀。

清　须弥座八方高立腰开光花鸟纹鼓面石礅一对

高二十八厘米　宽二十七厘米

这对石礅不仅材质色泽精美，而且精雕细琢，纹饰层层，布满全身，尤其是束颈处的联珠纹，十分罕见。它们在厅堂的显著位置出现，与高大华美的雕梁画栋上下呼应，该是何等的富丽堂皇，金碧辉煌。

清　方座双束腰八面杂宝纹圆台石礅一对

高五十五厘米　宽二十六厘米

这对品相佳美的石礅，乍看似古代的道路风灯，体现了匠师刻意创新的良苦用心。而这种创意主要体现在底座的设计上。

清　方座八面围栏腰开光花卉鼓面石礅

高四十二厘米　宽三十四厘米

鼓面方座，天地对应，刚柔相济。开光纹饰，工素间隔，知白守黑。

清　四方束腰福寿纹门礅

高四十二厘米　宽三十三厘米

门礅乃古代豪门之颜面也。座呈须弥式，上刻饰桃花和古雅的云雷纹。面圆形，四角圆雕寿桃纹，将佛、儒两家的美好寓意融汇一体。端庄大气，门礅一侧之卯孔均保存良好。

清　方座圆台花卉纹石礅

高三十八厘米　宽二十八厘米

石质坚致，品相佳美。台面琢成扁鼓形，腹部刻饰缠枝莲纹。腰与底四方厚实。其中腰琢成一张方几形，上覆锦，锦角浮雕牡丹莲花等吉祥花卉。

清 须弥式方座八面围栏开光花鸟纹鼓面石礅

高四十一厘米　宽三十五厘米

底座四方厚实，上下以两道凸棱为饰，双束腰，且四面饰简意铺首纹。八面围栏腰，开光内浅浮雕花卉草虫。上覆扁鼓面。形制古雅，层次分明。

清 香几覆锦纹方座八方围栏开光花卉圆台石礅

高四十一厘米　宽二十九厘米

座为香几托泥式，既俏丽又稳重。扁鼓面亦刻意求工，上下端鼓钉历历在目。围栏腰八面开光，内饰名花异卉，一派春意盎然。

明　须弥座鼓腰开光博古纹圆台门礅

高五十一厘米　宽五十五厘米

规格高大，雕镂精美。须弥座四方内折，遒劲的线条充满阳刚之美；而鼓腹外侈，深挖的开光也是椭圆形，弧曲的线条又尽显阴柔之美。开光内的题材是写实的博古纹，对考证当时的文物制度很有价值。

清　方座鼓面狮福纹石礅

高四十二厘米　宽四十三厘米

覆锦须弥座，围栏扁鼓面，形制稳重端庄。围栏开光内阳刻『福』字纹和蝴蝶等，正面圆雕两头蹲狮，刻工精良，寓意富贵吉祥。

清　方座八面围栏腰开光花卉鼓面石礅

高二十八厘米　宽三十二厘米

石色斑驳，包浆沉厚。

清　方座鼓面莲瓣纹石礅

高三十三厘米　宽三十二厘米

由鼓面和四方座二部分组成，方座四方厚实，天然去雕饰。鼓面精工，琢成南瓜形，生动逼真，而在上下端浮雕仰覆莲瓣纹。不论结构、纹饰均具独特趣味。

清　砂石开光花卉香炉

高二十三厘米　宽四十厘米

炉身圆钵形，外壁四开光，开光内雕饰花卉。下承三矮足。

清　宝瓶花卉纹长方形花盆

高四十五厘米　宽三十八厘米

整个花盆圆雕成方几的造型。几面长方形，微束颈，四条三弯腿粗壮有力，牙板上雕饰瓶花盆景，充满文人雅趣。

清　一团和气瑞兽纹鱼缸

高二十三厘米　宽六十二厘米

三面方一面圆弧，四壁垂直，上下相若。选用精良石材，不惜耗工费时，雕凿而成。弧面大开光，内饰欢喜童子，寓意一团和气。

清 八棱高座平安富贵喜上眉梢纹石礅

高四十三厘米 宽二十七厘米

形体颀长。面扁圆，束颈，高座，呈八棱八面形。浅浮雕瓶花和喜鹊登梅纹，寓意喜上眉梢，平安吉祥。

清 方座八面围栏腰飞禽走兽吉祥花鼓面石礅

高五十厘米 宽三十四厘米

底座为方柱形，顶饰上下契合的齿轮纹和垂锦式开光，内浮雕生动的花鸟画面。腰为八屏围栏式，均雕饰精美的图案。台面则小巧朴实。这件作品以底座设计最为新奇独到、引人关注。

清　方座双层八方腰鼓面如意纹石礅

高四十一厘米　宽三十三厘米

整器结构合理，比例匀称。鼓面与方座，虽不事装饰，却打磨精细，犹若清水出芙蓉。双层八方腰，微内束，而棱角分明，线条遒劲，刻饰八卦和写意花鸟，颇具人文意境。

清　圆台方座八面围栏腰花卉石礅

高四十二厘米　宽三十厘米

扁鼓面，八方围栏腰，写意生动。底座四方敦厚，匠师将其雕镂成一张方几形，束颈三弯腿，壶门式牙板，方台上覆锦，锦面上饰花卉。

清　方座八面围栏腰开光花卉鼓面石礅

高四十二厘米　宽二十八厘米

石质坚致，色泽素雅。造型稳重，结构合理。尤其是腰面开光之处理，空白与花树相间，疏密相映，知白守黑，这些不留名姓的能工巧匠之审美趣味与那些知名书画家实相伯仲也。

清 花卉纹门当一对

高三十六厘米 宽四十五厘米

成对形制，规格、造型、材质、纹饰均相同。且岁月沧桑，历劫犹存，品相完好，保浆沉厚。『雕栏玉砌应犹在，只是朱颜改』，鉴赏它们，脑海里便会想起这样脍炙人口的名句。

清 方底束腰莲瓣纹圆面石礅一对

高三十七厘米 宽四十八厘米

座四方扁平，内收二层呈八面。礅面象生设计，为含苞欲放的莲花，不仅使这对石礅造型顿显灵秀，而且赋予高洁美好的寓意。

清 方座八方束腰荷花纹鼓面石礅

高四十六厘米 宽四十厘米

鼓面写实，一侧之环扣亦细心雕凿，一丝不苟。束腰呈八面围栏形，开光内饰各种姿态的荷花，栏上各浮雕一朵盛开的莲花，烘托鼓面，平添诗情画意。是一件材美工良的佳品。

明　方座圆柱腰麒麟龙纹圆台石礅一对

高五十三厘米　宽三十三厘米

底座双层，四方八面，寓意四平八稳。腰呈圆柱形，通景高浮雕龙纹和麒麟等高贵吉祥纹饰，其形象若尊荣的华表望柱。台面扁圆，琢成一朵盛开的荷花形。

清　方座八面围栏竖纹如意头鼓面石礅一对

高三十八厘米　宽三十厘米

形制规整，端庄大方。装饰简洁，雅素平易。且作双成对，品相完美，为庭院厅堂陈设佳器。

清　香几覆锦式方座八面围栏腰开光莲荷纹石礅一对

高四十六厘米　宽三十厘米

成对形制，品相完美。底座设计考究，由香几和须弥座叠合而成，且加覆锦装饰。围栏腰和扁鼓面亦摹刻精良，精益求精。是材质、造型、纹饰皆美的佳作。

清　须弥式覆锦纹方形石礅一对

高四十厘米　宽三十五厘米

底座方几形，腰为须弥式覆锦纹。台面四方。这款石礅通体四方，不见圆形台面，堪称孤例，值得重视。

明 鹤鹿同春狮纹门当一对

高四十三厘米 宽四十厘米

成对保存，品相佳美，十分难得。三面均用高浮雕技法，雕琢秋山神鹿、春水立鹤和威武雄狮等精美画面，寓意鹿鹤同春、官拜太师少师。

清　方座八面围栏腰开光花卉鼓面石磩

高三十六厘米　宽三十三厘米

石材精良，品相完好。束腰造型，平添丰韵。

清　覆锦方座双层八面围栏腰开光一路清廉石礅一对

高五十厘米　宽三十七厘米

覆锦上刻饰荷池白鹭，寓意一路清廉。围栏鸟笼造型也是别具一格，充满生活情趣。

清　方座八面围栏腰开光花卉鼓面石礅一对

高四十四厘米　宽三十五厘米

底座四方厚实，上覆锦纹。腰微束，八面围栏形，面呈扁鼓形。这对石礅虽然在造型上因循保守，却给人以清新的感觉，因为每个层面上的装饰花纹，精致小巧，仿佛欣赏花卉小品，雅美可人。

明 方座八面腰开光花卉鼓面石礅

高四十三厘米 宽四十二厘米

这种形体结构是典型的明代风格。天圆地方四面八方的造型结构，既符合石礅这种基础建材的实用功能，又与我国古人的宇宙观相融合。实用为先，装饰其次，素雅沉静。

清 方座八方竹节纹围栏鼓面石礅

高三十八厘米 宽四十厘米

围栏腰设计，成竹节样式。高雅脱俗，别具新意。

明　方座金蟾覆荷纹石礅

高四十七厘米　宽五十四厘米

这是一款独具艺术价值的石礅形制。尽管其基本结构依然是面、腰、底三层，但整器似圆雕动物精品，一只壮硕的金蟾伏在扁平的地面上，背负荷叶莲花，形象生动，纹饰富丽，为石雕精品。

清　方座八面围栏开光花卉莲瓣纹鼓面石礅

高四十四厘米　宽四十厘米

天圆地方，微束腰。座四方，上饰云雷纹，鼓面敦厚，底刻莲瓣纹。腰为支撑圆鼓的八方围栏支架，形象生动，开光内浅浮雕花卉纹。品相佳美。

清　方座八面开光花卉纹鼓面石礅

高三十八厘米　宽二十八厘米

底座厚实，鼓面安稳。束腰开光，花团锦簇。

清 香几覆锦方座四面开光高束腰锦纹鼓面石礅一对

高七十一厘米 宽三十六厘米

青石为材，软硬适中，致密沉静。造型挺拔俊美，仿佛明清陈设瓷中的花觚，有玉树临风之感。尽管在具体结构上依然坚持天圆地方四面八方的设计理念，却自出机杼，令人耳目一新。如高束腰中的四面，经过委角的处理，还是八面的寓意。更精彩的是布满全身的纹饰，可谓穷工极巧，如圆鼓面的纹饰，层层布置，大工套小工，却又繁而不乱，疏密得宜。是一对材、形、纹三绝的杰作。

清　须弥座八面围栏开光花卉鼓面石礅一对

高四十六厘米　宽三十二厘米

成对保存，形制、材质、纹饰相同。底座高大，几占二分之一体积，呈须弥式。微束腰，围栏开光内饰祥花瑞草。鼓面扁平，雕琢精细，打磨光润。

清　方座八面双层开光鼓面石礅一对

高四十厘米　宽三十八厘米

座四方，面琢成扁鼓形。腰分上下两层，分别为八面围栏式和低矮的八棱立柱形。层次丰富，装饰简练。

清 半隐式方座八面腰鼓面门礅一对

高二十八厘米 宽二十八厘米

成对保存，品相完美，殊为难得。半隐式，显露处呈束腰形，底方平，面扁鼓，围栏开光素雅无纹，栏杆头浮雕成如意形。沉静端庄，别具美感。

清 须弥座鼓面石礅

高三十九厘米　宽二十七厘米

底座四方厚重，雕成须弥座覆锦式。腰为八面围栏鼓架形，台面扁鼓形，稳稳地置放在鼓架上。开光内刻饰朵花

清 双束腰覆锦方座鼓面围栏开光如意纹石礅

高三十八厘米　宽三十一厘米

底座厚实，须弥式双束腰覆锦。八面围栏腰，开光素面，栏杆为如意头纹。扁鼓面琢刻精良，逼真传神。

明　方座圆台富贵万福纹石礅

高四十四厘米　宽四十六厘米

形制独特，纹饰富丽。底座四方扁平，边线起棱。腰呈委角方柱体形，上下两层纹饰，下层为万字纹和凸雕的蝙蝠，寓意万福。上层四面开委角长方形开光，剔地浮雕牡丹、绶带鸟等花鸟图案，寓意富贵长寿。台面圆形，为两个圆垫叠置的形象，或雕瓜棱或饰缠枝花草，构思巧妙，形象生动。是一款新奇大雅的石礅精品。

明 杂宝纹门当一对

高三十四厘米 宽四十八厘米

成对保存，殊为难得。采用剔地浮雕技法，琢出兵书宝剑纹，刀法洗练，写实生动。既有镇宅辟邪之寓意，又有子孙六艺兼备、能文能武之企盼。

明 神龟骏马寿字纹门当一对

高四十二厘米 宽五十八厘米

成对保存，品相完好。侧面瓦当形纹饰，内镌寿字纹。正面剔地浮雕，有上下二层纹饰，上立骏马，下伏神龟，寓意吉祥。

明　喜上眉梢纹门当

高三十五厘米　宽三十一厘米

品相完美。三面开光，剔地浮雕花鸟纹，一侧画面，一只喜鹊栖于梅枝上，布局疏朗，而喜鹊形象纤毫毕现，生动传神，仿佛丹青高手之工笔细描，令人激赏。

清 方座双层腰八面围栏开光花卉竹节纹鼓面石礅一对

高五十二厘米 宽三十六厘米

石质坚致细腻，色泽纯净暗红。规格高大，形制稳重大方。圆鼓面，四方底，中间为双层内束高立腰，上下共十六个海棠花形开光，不事雕饰，洗尽铅华，可谓不着一字，尽显风流。品相佳美，保浆沉厚。是一对材精艺美的石雕杰作。

清 方座八面围栏鼓面石礅

高三十五厘米 宽三十八厘米

造型敦厚。腰部围栏模仿庭院之石栏，具体而微，一丝不苟。围栏内不是常见的开光花鸟画面，而是一个个壶门造型，依然在精细地摹刻石栏的细部形象。

清 方座双层八面束腰开光莲瓣杂宝纹鼓面石礅

高五十厘米 宽三十八厘米

石质坚致，色泽青灰。鼓面丰满，底座厚实。双层八面围栏束腰，内有十六个海棠花形开光，或素面，或雕杂宝，素雅清朗。鼓面底部刻饰仰莲瓣。一侧有接榫卯口。高大俊美，材艺双绝，诚精品佳作也。

明　方座莲瓣纹圆台石礅

高四十八厘米　宽四十一厘米

这是明代石礅之一例。也是上、中、下三层结构。底座四方厚实，面扁圆，腰八方微内束。匠师之高妙在于面与腰之间刻饰粗壮肥厚之仰覆莲瓣纹，使彼此间和谐一体，从而使普通的石礅获得艺术美感和美好寓意。

明　六方座圆台石礅

高四十三厘米　宽五十六厘米

天圆地方。圆鼓形台面，下承六方底座。这款古老的明代石礅，虽然是上下二层结构，却将『天一生水，地六成之』之防火寓意存乎其中，与同时代之天一阁藏书楼之结构寓意相同。

明　方座六面开光缠枝纹鼓面石礅

高三十八厘米　宽四十七厘米

底四方，腰前后六面开光，台面扁鼓形。开光内雕饰折枝花卉，而鼓腹琢刻缠枝莲纹。纹饰精细，形象生动。

清　香几覆锦纹方型石礅

高三十五厘米　宽三十五厘米

这种方型石礅，专门为方形立柱设计。台面须弥式，上饰覆锦，锦帏上浮雕折枝牡丹等吉祥花卉。腰为四方香几，刻划生动逼真。底座四方扁平，也是香几之托泥。设计精巧，寓意美好。

清　香几承托泥式花卉纹石礅

高六十二厘米　宽三十七厘米

与其说是石礅，毋宁说是一只敦厚端庄的四方香几，只是材料不是紫檀黄花梨，而是坚固不朽的青石。四方几面，须弥式高束颈，四条仿生生动的三弯腿粗壮有力，下承托泥。造型纹饰一丝不苟，惟妙惟肖。古人尊石匠为百工之首，鉴赏这款石礅，可谓名至实归。

清　方座曼珠绶带香炉托莲鱼缸

高四十厘米　宽三十五厘米

这是一款独特的造型，四足瓜腹香炉托莲蓬造型。莲蓬面内挖圆腹为鱼池，下承托泥为底座。炉身束颈处采用高浮雕技法饰曼珠绶带。这件作品，亦可作香炉、盆景等功用。

明　八面围栏座开光花卉纹鼓面旗杆礅

高五十二厘米　宽五十二厘米

旗杆礅为宗庙祠堂外专门用于插立旗杆之用，往往是左右成对布置，并与牌坊等规制并列。在古代，必须有相当功名地位并获官府批准后方可设置。其造型与石礅大致相同，只是扁鼓面凿出圆孔，便于插杆。

明　方座八面开光花卉纹圆台石礅

高四十一厘米　宽三十九厘米

底座四方厚实，腰八方立柱形。细审之，这种腰形设计的灵感当为假借同时代之玉带而来。明代中晚期，时尚奢靡，富贵人家重金玉好腰带，一个个玉带板更是材珍艺精。智慧的匠师便将其移植到石礅的装饰设计中，可谓恰到好处。

清　方座束腰八面围栏开光花卉鼓面石礅

高三十厘米　宽三十三厘米

底座琢成四方矮几形，十分少见。这件作品虽造型普通，而上中下三个层次均精心雕饰，别开生面，鹤立鸡群。

清　方几座莲瓣纹鼓面石礅一对

高四十五厘米　宽三十厘米

基座四方厚实，雕琢成方几形，别开生面。腰内束，琢成仰覆莲瓣纹，仰莲瓣上托出圆鼓面。形制别致，品相佳美。

雕栏玉砌今犹在

香几座

即“香几式座”，以此类推，尚有“花几式”“茶几式”等类型，是模仿明清家具几案式造型的一种底座形制。在古人的厅堂和书斋布置中，茶几与椅子配套宽矮稳重，多作方形和长方形。而香几和花几是专门承放香炉和花盆的家具，且多居中布置，成双作对，因此制作考究，精致高雅。大多为圆台束腰，三弯腿，足下有“托泥”，高挑秀雅，若美女亭亭玉立。

焚香赏花，同品茗挂画一样，是古代文人士大夫的情趣和风雅，早在唐宋时代已十分盛行，及明清时期更为讲究，所谓：“书室中香几之制，高可二尺八寸，几面或大理石，或岐阳，玛瑙石，或以骰子柏镶心，或四、八角，或方或梅花、或葵花、茨菇、或圆为式，或漆、或水磨，诸木成造者，用以阁蒲石，或单五笔型中置香缘盘，或置花尊以插多花，或单置一炉焚香，此高几也。”

将家具造型移植到石礅的形式设计中，是汉中石雕匠师的独特创造，也是其艺术长盛不衰的源泉。

清 方座托香几束腰莲瓣纹四方开光杂宝花卉石礅一对

高八十厘米 宽三十一厘米

这是一对形制别致的石礅，四方立柱形，颀长挺拔。台面与底座在规格与纹饰上基本相同。中间雕琢出一张束颈三弯腿的覆锦香几，线条变得曲折优美，增加艺术美感。

建筑是人类基本实践活动之一，也是人类文化的一个组成部分。建筑包涵的内容十分庞杂，其分类也不尽相同，主要有宫殿、衙署、祠庙、寺观、书院、会馆、住宅和墓、阙、塔、窟、幢以及桥梁等。在自然条件不同的地区内，古代劳动人民因地制宜、因材致用。在一些石料丰富的山区，就有全部采用石块、石条和石板建造的房屋。自汉代以来，还建造了不少形制美丽和雕刻精湛的墓、阙、塔、幢和桥梁等石建筑。纵观古代建筑历史，其基本建筑材料是木、石、砖、瓦四大类。石是基础，木是骨架，砖瓦是皮毛。“磐石方且厚，可以卒千年”，“良无磐石固，虚名复何有”，说的便是石材在建筑中的重要性，而“栋梁之材”“添砖加瓦”这些成语又恰到好处地点出了木头和砖瓦在其中所起的作用。一部中国古代建筑史，就是木与石相结合的历史，难怪《红楼梦》里有木石前盟之说。作者扬“木石前盟”弃“金玉良缘”，显然有着文化隐喻的用意。但事实上，木石之盟也不牢靠，因为木头

“鲤鱼跳龙门”寄托了中国人科场得意、子孙富贵的美好愿望。

石礅雕饰中的门楼、亭阁、苍松画面。

迟早会消亡，化灰化烟，最终酿成悲剧。只有石头才是永恒的，孤独地留在世间，向后人诉说曾经的琼楼玉宇，雕梁画栋，锦衣玉食，高官厚禄。刘敦桢先生主编《中国古代建筑史》，最早的建筑实例只有唐代山西五台山的南禅寺和佛光寺，至于唐以前的建筑，主要只能依靠保存下来的石质建筑材料去还原，如“在南北朝许多石窟里，我们通过那些石刻的‘木’塔及其他浮雕和壁画，得到当时木结构建筑风格的概括印象。”古人深知，木构架建筑在防火、防腐方面存在严重缺陷，但木料比砖石更容易就地取材，可迅速而经济地解决材料供应问题。“舞榭歌台，风流总被雨打风吹去”，“雕栏玉砌应犹在，只是朱颜改”，这些传诵千年的名篇，是感时伤事的心灵写照，又何尝不是古代建筑沧海桑田的悲情实录。因此古人在条件允许的前提下，尽量采用石头和砖瓦等作为建筑材料。石匠在民间被尊为百工之首，而在北宋崇宁二年朝廷颁行的《营造法式》中，石作亦位列诸工种的首位，而他们以卓越的智慧和创造，完全当得起这份荣耀。众多建筑石材，合奏的是一曲史诗般的交响乐，鐘鱼铙鼓之音，锣钹唢呐之响，波澜壮阔，雅俗共赏。

宋 人物石板

高七十六厘米　宽八十三厘米

这是典型的宋代石雕。匠师采用写实手法，将当时的高官服式和豪宅门庭真实地记录下来。门柱、过海梁、斗拱等建筑实景，是研究宋代汉中地区古建筑的重要资料。而画面正中之官员，峨冠博带，蔼然迎宾，不仅体现了石雕大师卓越的艺术才华，而且也是探讨当时官员服饰礼仪的珍贵文物。

石礅，亦称柱础，是古代建筑中最重要的基础构件。万丈高楼平地起，基础最重要，必须稳固、扎实、永恒。在汉语词汇里，“基础”是使用频率最高的词语之一，它的引申义和覆盖面既深且广。这么一个家喻户晓的词，知道其本义和出处的人却不多。基者，墙基也；础乃柱础也。墙基之上是泥沙夯筑的墙体，而柱础承托的是屹立的木柱。

百年大计，基础为重。我们智慧的古人选择坚固不朽的石头为材。以石头为基和础，不仅稳固坚实，使大厦安若泰山，而且其不腐不朽水火不侵的品质，可有效地防止水、火、虫、霉等对墙体和木质构件的致命破坏。因此，古人在制作石礅时，十分严肃认真，在选择石材、形体设计和装饰细节上一丝不苟、环环相扣，从而创造出一件件集实用功能、雕刻艺术和美好文化寓意于一体的石雕精品。

明 方座八面围栏腰开光花卉绳纹鼓面石礅一对

高三十八厘米 宽三十四厘米

成对保存，品相一流。扁鼓面饰绳纹。四方底座，八面立柱腰，每个开光内均刻一枝花卉，若一本打开的花卉册页，笔精墨妙，清雅可人。

由于石材存在开挖难度大、不易长途搬运的局限，因此古代匠师往往采用就地取材的原则。古代建筑所取石材不但量大，对品质的要求更是考究。大匠深知，材料的好坏优劣是一切成败毁誉的基础和关键。诚如青年毛泽东在论述德、智、体三者之间关系时的至理名言："体者，载知识之车而寓道德之舍也。"他们凭丰富的实践经验，找到石材，开石塘，并根据不同的建筑要求，取出毛坯，然后将坯料运到房基附近，进一步开展深加工和精雕细琢。对石矿的石材品质，讲究坚实致密，不易风化，而色泽纯净统一。同时对石材硬度要求软硬适中。这在古代是实用理性的生动体现。今天的人们，知道花岗岩好，坚硬耐磨，但在古代，没有现代的爆破技术，雕刻工具也仅仅局限于铁器。因此硬度过高的石材，既无法开山取材，又不能精雕细琢，也是始终没有被古代匠师选中的直接原因。我们看古代的石板、石礅等建筑构件，往往是坚致实用，既抗腐蚀又利雕刻。当然由于地理环境的不同，不同地区的古代石刻，在石材品质上会存在明显的高下优劣。如笔者曾将这批出自汉中盆地的石礅与相同时期江西地区的作品进行比较鉴赏。尽管彼此时代相当，建筑之规模等级和品位要求不相伯仲，但石材品质却差距较大。江西地区的石质显得粗砺欠致密，色泽斑驳，即使细心雕刻也难出效果。原因很简单，当地的地质构造是以龙虎山为代表的丹霞地貌，匠师们在附近很难找到理想的石材。而汉中盆地为海相沉积，地质构造古老而稳定，这里所产石材，质地优良，致密坚实，抗风化耐酸碱，色泽沉稳统一，适宜古代石匠开采、剖解和雕凿，是十分理想的建筑石材。这种得天独厚的自然优势，为这里的石雕艺术的灿烂辉煌奠定了坚实的物质基础。

石礅是基础构件，其形体设计遵循的第一原则便是实用，具体要求是扎实、稳固、永久。

明 陷地高浮雕龙纹方形器座一对

高二十五厘米 宽三十三厘米

成对形制，规格、材质、纹饰相同。正是这对器座为我们保存了明代龙纹的完整形象。匠师采用陷地深浮雕技法，雕琢出戏珠双龙，龙身细长，盘身曲体，龙首威猛，眉眼清晰，灵动之势，仿佛破壁欲飞。这是何等的手艺，坚石为纸，运斤如笔，丹青圣手，当叹不如！

我曾专门对位于杭州西湖孤山的清代康熙、乾隆时的行宫遗址进行认真细致的考察，地面木构建筑早已荡然无存，而部分墙基和柱础却历劫不灭完好如初。这些保存至今的柱础，包浆沉厚，大小有差，而形制统一，状如圆鼓，因此称之为石礅似更贴切。它们均以优质汉白玉为材，形体单一，四周用浅浮雕技法琢出祥云蝙蝠，寓意洪福齐天。可见康乾盛世之皇家石礅，最能体现其天子风范的便是用材之考究了，至于形体设计和纹饰寓意则乏善可陈。

而这批汉中盆地的明清时期石礅，虽然在材质上逊于清代皇家，但造型和装饰却要文化得多、艺术得多，可谓独步天下、俯视群雄。不论是单件鉴赏，还是总体考察，它们在整体造型设计上，追求实用功能与艺术美感的和谐统一。而这种形体美又将中华民族的宇宙观完美地融汇其中。它们稳重而不笨拙，挺秀而不失端庄，几乎均有台面、腰柱和底座三部分构成。台面往往是扁鼓形状，寄托着振扬家声的愿望。底座多是厚实的正方形，而中腰则是八方立柱之形，体现了四平八稳合族安康的寓意。

“石令人古”。这些古老的石礅，曾饱览了多少清风明月、灯红酒绿，又曾经历了多少风霜雨雪、人间悲欢。今天我们面对它们，已不是一件件普通的建筑构件，而是蕴藏诸多文化信息的古玩和文物。我们要有足够的知识储备，方能读懂它们、走进它们。质地、工艺、寓意、造型、题材、功能等，当这些要素均能释读清楚了，我们也就穿越时光隧道，走进了历史，豁然开朗！

清　双狮诗文户对

高一百一十厘米　宽四十三厘米

门当户对，是耳熟能详的成语，说的是旧时中国人男女婚配讲究彼此家庭的社会地位和经济状况要相当。而其本意即是古时宅门前的门当和户对，籍此可见门当和户对的材质、形制和纹饰在整座建筑中的重要性。这对户对石材精良，品相完好，顶端圆雕雄狮，下部琢为圆鼓形插屏，上刻诗文，给人富贵高雅的形象。

清 须弥座双喜鹿纹鼓面石礅

高三十四厘米　宽三十四厘米

须弥座，饰云雷纹和双喜纹。腰呈八面围栏形，采用半圆雕、剔地浮雕等技法，装饰太狮、梅花鹿等动物形象。面呈扁鼓形。

清 方座鼓面石礅

高四十厘米　宽四十厘米

底座双层。下层粗疏，可深埋地下。上层光洁，便与地砖对接。腰内束八面，光素无纹。台面扁鼓形，饰缠枝花纹，品相完美。

明　方座圆台麒麟蝙蝠缠枝花纹石礅一对

高四十七厘米　宽四十八厘米

这对石礅，材质精良，造型之妙和纹饰之美，也是十分罕见。底座是四方扁平的地砖形，而台面与腰则独出机杼，新颖别致。腰双层八面，下层素雅微内束，上层则四开光四起棱，开光内饰花鸟走兽，十分生动。面亦双层，乃束颈的包裹形状，满饰缠枝花草。品相佳美，包浆沉厚。

清　方几座卷莲开光鼓面石礅

高四十四厘米　宽二十八厘米

一张小方台，台面四方厚实，上饰云雷纹，束颈处饰联珠纹。牙板外抛，饰拱璧纹，四条内弯腿，敦实稳重，下承托泥。台面上覆锦，锦面上是个八方的软垫，一枚精致的扁鼓细心地安放在上面，而在鼓与垫之间还要垫上一张荷叶或称绸缎。这是多么逼真的场景，又是何等的宁静雅致。意匠生辉，此之谓也。

清　方座双层高束腰八面围栏鼓面石礅

高六十厘米　宽四十厘米

圆鼓丰满，方座扁平，双层高束腰将鼓面凌空托起，仿佛美女在力士掌中翩翩起舞。

雕栏玉砌今犹在

明　须弥座开光狮鹿纹圆台石礅

高四十四厘米　宽三十九厘米

底座高大厚实，须弥式。四面均开圆形开光，乃模仿瓦当之形象，内饰松鹿等动物纹饰，艺意双美，别具一格。

清　方座束腰八面围栏花卉如意头鼓面石礅

高三十九厘米　宽三十八厘米

品相完好，大小适中。宜作茶几，四人品茗；也是棋台，双人对弈。

清　方座鼓面六方高立腰石礅一对

高六十八厘米　宽三十九厘米

成对形制，品相佳美。方座扁平，六方柱形高腰。台面扁鼓形，饰以舒卷的荷叶纹，轻重呼应，动静相宜。

清　方座束腰八面围栏开光花卉鼓面石礅一对

高四十七厘米　宽三十一厘米

这对石礅之独特处，在于底座与围栏腰之间增加了束腰的设计，束腰呈须弥座式，不仅丰富了层次，而且使造型更加挺拔灵动。

清　方座双层束腰八面开光缠枝花卉鼓面石礅一对

高三十四厘米　宽四十厘米

底座四方，便于地砖对接拼合。腰双层八面，皆饰纹，开光内镂空花板与花卉间隔分布，清新雅致。扁鼓面，浮雕缠枝花卉，细巧精美。

清 一马平川花草纹门当

高三十九厘米 宽五十八厘米

保存良好。榫头卯孔完好无损，既能古为今用，重新装饰仿古建筑，又可厅堂陈设，精美的覆锦纹设计，便是古雅的案头器座，上置古玩，颇为得体。

清 戏剧人物纹门当

高三十九厘米 宽五十八厘米

品相佳美。三个立面开光，陷地浮雕法饰戏曲人物故事。精雕细琢，画面丰满生动，故事连贯，仿佛欣赏连环画。

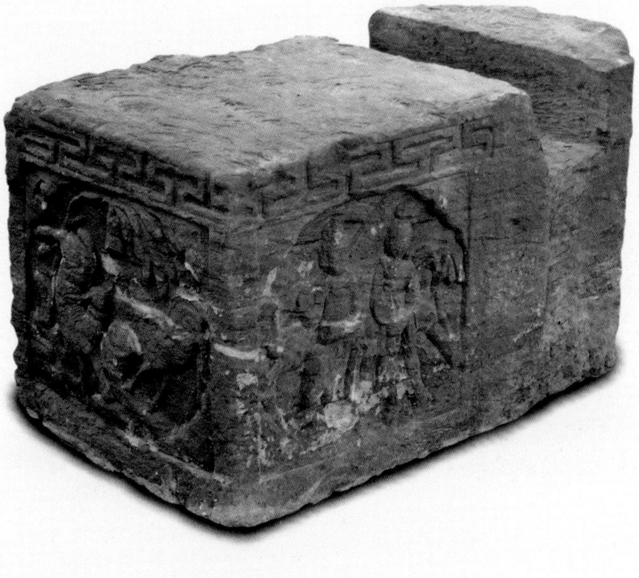

清　方座八面围栏开光花卉缠枝纹鼓面石礅一对

高三十八厘米　宽四十厘米

扁鼓面雕饰缠枝花卉，围栏开光内饰以各式折枝花草，纹饰精美，风霜满身。

明　方座围栏腰开光花卉纹鼓面石礅一对

高三十五厘米　宽三十六厘米

成对保存，品相佳美。方座厚实粗砺。围栏腰则处理得一丝不苟，开光内花鸟纹摹刻生动，且采用剔地高浮雕技法，更显立体感。因为大匠深知，底座要下埋地面，而礅面为圆柱覆盖，只有围栏腰要向世人大众展示，是体现他们聪明才智高超技艺的舞台。

清　八福连绵束腰开光方形石礅

高五十六厘米　宽四十厘米

面四方而腹圆鼓，琢成花蕾形，花瓣或内敛或外翻，极其生动形象。顶部四周又高浮雕连续的祥云蝙蝠，寓意洪福齐天。腰内束，呈八面花架形，并琢出海棠花形开光。底座四方厚实。这款石礅，材质、造型、纹饰、寓意均别具创新，堪称四美兼备。

清　方座束腰双层开光花卉鼓面石礅

高四十八厘米　宽三十五厘米

方座扁平，双层高立腰，十六面均雕花板，异卉奇花，灵禽瑞兽，一派生机盎然。面呈扁鼓形，并饰仰覆莲瓣纹。用作花几，十分相称。

清　方座束腰双层如意头鼓面石礅一对

高四十四厘米　宽三十八厘米

方座扁平。双层八面腰，上层琢成鼓架形，栏杆头刻成如意云头形，鼓面丰满生动。这对石礅材形双美，品相一流。

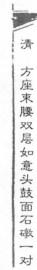

清　方座托花几缠枝花纹方形石礅

高三十五厘米　宽三十五厘米

这是又一款仿生生动的石礅。底座四方厚实，也是方几的托泥。方几四方束颈，抛牙板内弯腿，上饰浮雕的缠枝莲纹，穷工极巧，堪与木匠之工艺媲美争胜。方台面上又琢出扁平的圆台，方中有圆，天地照应。

清　方座八方腰鼓面石礅

高四十三厘米　宽三十九厘米

基座高大厚实，八面腰合力支撑，娇小的扁鼓仿若掌中之珠。雄浑与灵巧，相得益彰。

清 方座束腰双层八面围栏开光鼓面石礅一对

高四十一厘米 宽三十一厘米

结构严密，形体匀称。底座坚实，鼓面轻盈。天圆地方，上下呼应。

清 半隐式方座鼓面束腰石礅一对

高二十九厘米 宽三十一厘米

这种石礅，有一半隐藏于墙体内与相关建筑构件结合，故称半隐式。显露部分精心设计，精细雕琢，兼具实用和鉴赏价值。

清 方座束腰八面开光鼓面石礅一对

高四十四厘米 宽四十一厘米

石质精美，品相完好。宜于成对陈设。风格素雅，适于坐具，黑白对弈，烂柯山中人，高古风雅。

清 花几座镂空加彩花盆

高三十三厘米 宽二十五厘米

这种形制的创作灵感直接源于当时富贵人家的厅堂陈设。方几上置一圆口鼓腹的罐，莳花养鱼，焚香去秽，四季相宜。石雕匠师融合贯通，将木作、陶瓷、髹漆等工艺假借过来，成就不朽之作。

清 鱼跃龙门桃花灵芝纹小花盆

高三十厘米 宽三十厘米

圆口，刻饰仰莲瓣，所谓清水出芙蓉。身方形，四面开长方形开光，有鲤鱼跳龙门、桃花流水等画面。分别有金榜题名、洞房花烛、一生清廉等人生之美好寓意。

明 花几座八面开光花卉纹圆台石礅

高六十四厘米 宽六十厘米

底座四方双层，呈四方花几之形。腰为八面围栏形，栏框内陷地浮雕名花异卉。圆台面束颈，呈盛开的莲花形象。

明 花几座八面开光花卉石礅

高五十八厘米 宽五十六厘米

腰呈八面围栏形，栏框内陷地浮雕亭台楼阁和各式花鸟，层次丰满，立体感强。

明 花几座八面开光花卉纹石礅

高六十六厘米 宽五十八厘米

底座四方双层。下层方砖形，与地砖拼合对接，上层饰纹呈方几形，并开凹槽。腰内收成八面立柱形，各开委角长方形开光，内剔地浮雕，饰名花异卉，乃玉带板形制也。圆台面束颈，为盛开的莲花形象，寓意清雅高洁。这款石礅材艺双美，高大完整，为厅堂会所陈设佳器。

清　方座围栏腰动物海水纹鼓面石礅

高三十四厘米　宽四十厘米

这款石礅，材质精美，品相完好，而且造型温柔敦厚，线条有柔有刚，纹饰素雅简洁，给人以美的享受。

明　方座高束腰缠枝花鼓面石礅

高三十八厘米　宽三十八厘米

扁鼓面，腹部通景雕刻缠枝花卉。腰内束，呈八方立柱形，光素无纹，仅一面镂圆孔，内雕善财童子。

清 方座覆锦围栏开光鼓面石礅一对

高五十二厘米　宽三十厘米

方座高大，须弥式覆锦帏。腰雕成八面围屏形，每个屏面均饰一朵盛开的花朵，细腻逼真，仿佛一堂展开的花谱册页。台面扁鼓形，丰满生动。

清 六面围栏托鼓面开光花卉纹石礅四件套

高三十三厘米　宽二十七厘米

形制相同，规格相若。一体鉴藏，为坐礅为花几，最为适宜。

明 缠枝花卉纹门墩一对

高十七厘米 宽三十五厘米

造型独特，为扁鼓形。纹饰满身，缠枝花卉绵恒不绝。年代久远而品相完好，规格小巧，最宜移作器座之用。

清 香几座瓜棱绳纹花盆一对

高三十五厘米 宽三十五厘米

这对石雕，匠心独运。底座是一对面覆方锦的小香几，壮实敦厚。上面则安置了两只束颈的瓜棱香炉，颈部箍一围粗绳纹。因此这对品相佳美的器物，称之为花盆没错。若命名为香炉，则更符合其原本功能。

清　香几覆锦座方形缠枝花卉石礅一对

高四十厘米　宽四十一厘米

底座为方几承托泥形，摹刻精细，台面上覆锦，下垂的四角开光内琢出精美的花卉。短束腰。台面长方形，仿花砖之形，四壁刻饰缠枝花草。这对石礅，保存良好，造型罕见，而纹饰刻意求工，值得关注。

清　方座束腰围栏开光鼓面石礅

高三十八厘米　宽三十七厘米

四方底座与八方围栏腰，方正遒劲，素雅庄重。圆鼓面，形神俱足，丰满优雅，仿佛观音菩萨脚踏莲花，翩翩而来。

清　方座双层八面缠枝花纹鼓面石礅

高三十六厘米　宽四十四厘米

这是很实在的造型设计，四方座与双层腰层层递进，仿佛三层台座，而且双层八面之间也没有交叉错落的布置，只是在上层刻饰缠枝花卉。

清　须弥式莲瓣纹方形石礅

高四十厘米　宽四十一厘米

造型别致，允称罕珍。须弥式和莲瓣纹，均为从佛教中演化而来的造型和装饰艺术。家中陈设，佛祖保佑。

明　方座束腰八面围栏开光花卉动物纹鼓面石礅

高四十厘米　宽三十六厘米

底座四面扁平，乃铺地砖之形制也。腰微束，八面围栏式鼓架，八个开光内剔地浮雕牡丹、仙鹿等花卉动物。面呈圆鼓形，生动逼真。材艺双美，品相上乘。

清 方座八面围栏开光缠枝花纹鼓面石礅

高四十九厘米 宽三十七厘米

石质坚硬，色泽青灰，沉静古雅。底座四方厚实，安如磐石。八面高立腰，琢成壶门式围栏。扁鼓面形象丰满，腹部通景雕饰缠枝花纹。品相完美，刚柔相济，为精品佳作。

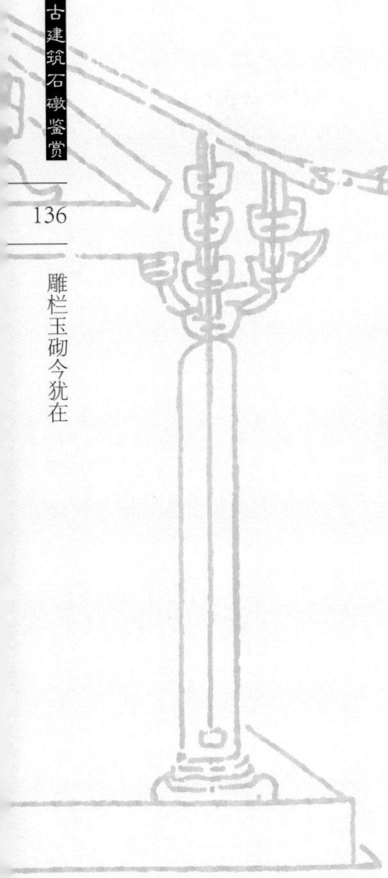

清　方座八面围栏开光鼓面石礅

高三十五厘米　宽三十二厘米

圆鼓面，八方立柱腰。底座四方厚实，经过巧妙的设计处理，变为上下两层，仿佛两块铺地砖叠压在一起，饶有新意。

明　方座束腰八面围栏开光花卉鼓面石礅

高三十三厘米　宽四十四厘米

青石为材，质地一流。鼓面与方座质朴敦厚，以实用为要旨。其艺术精华集中在束腰的设计和纹饰上。八方束腰似一条玉带系在高士俊彦身上，高浮雕琢出的奇花异卉，立体生动，惟妙惟肖。

清 方座圆台花几腰开光石磁

高三十五厘米　宽三十五厘米

底座四方敦厚，八方矮几形腰，圆鼓面。鼓面一圈开光，呈椭圆内套海棠花形。

清 方座围栏开光鼓面石磁

高四十一厘米　宽三十七厘米

这是经典的石磁款式。天圆地方，四平八稳，坚固牢靠，质朴素雅。

明　方几覆锦式卍寿纹纹石礅一对

高四十厘米　宽四十厘米

这是为承托方形木柱而专门设计的。仿明式硬木家具，为一对纹饰古雅的小方几，或可称之为小方机。细辨纹饰，有『卍』字纹和『寿』字纹，寓意万寿无疆。新颖独特，别具匠心。

清　方几式镂空雕石礅一对

高三十一厘米　宽三十三厘米

仿生设计的石礅。一张束颈三弯腿的小方几稳稳地安放在厚实的托泥上，形象逼真，惟妙惟肖。为了实用，台面上又琢出圆饼形垫，以承托圆柱。为了造型生动美观，又采用透雕技法镂出方几之四足。

雕栏玉砌今犹在

清　须弥座覆锦浅浮雕龙纹方面石礅

高六十六厘米　宽三十八厘米

高高的须弥座，上覆锦绣绮罗，佛家之庄重与锦绣之富丽完美结合。台面四方厚实，四周开光，雕琢飞舞的龙纹，平添高贵之感。品相佳美，是材、艺、意三绝之作。

清　方座八面束腰圆台石礅

高三十八厘米　宽三十三厘米

扁鼓面。腰分二层，上层近盝式，下层呈八面立柱形。底座四方近铺地砖形。纹饰简洁，形制少见。

清　方座束颈开光八面花草飞禽纹石礅

高三十五厘米　宽三十三厘米

方座厚实，上刻万字纹和飞禽覆锦纹。八方腰一圈开光，以花卉纹装饰，犹如玉雕带板。扁鼓面雕镂莲纹。形神沧桑，而纹饰精美，似古梅新花，颇值鉴赏。

清　方座围栏腰花卉虎纹圆台石礅一对

高五十三厘米　宽三十五厘米

佛家言，一花一菩提，一佛一世界。我们说每一件文物均是储存历史文化信息的芯片。这对石礅，仅就其摹刻精准的动植物纹饰，便给予我们许多重要的鉴赏和研究资料，这些花花草草分别是什么品种，这头老虎会不会就是已经灭绝的华南虎？

清　须弥式覆锦方座鼓面八面开光腰石礅一对

高三十五厘米　宽三十一厘米

成对形制，保存完好，十分难得。规格小巧，造型别致，装饰亦别具一格，给人以素雅沉静之美感。

清　方座八面围栏开光双喜花卉鼓面石礅一对

高三十二厘米　宽二十八厘米

成对保存，品相佳美。形制稳重实用，而束腰围栏留出大面积可赏画面，名花异卉，或原生或盆栽，仿佛置身庭院百花苑，流连忘返。

清　方座束腰双层八面玉兔灵禽缠枝花纹石礅

高四十厘米　宽三十四厘米

底座粗壮厚实，高束腰双层八面。底层八面围墙，琢成秦砖式样，别具古趣。上层八杆围栏形，开光内高浮雕锦鸡、玉兔等灵禽瑞兽。面呈扁鼓形，腹部剔地浮雕饰通景缠枝花纹。造型俊美，纹饰生动

清　方座双层八面腰莲瓣纹鼓面石礅一对

高三十八厘米　宽三十六厘米

石质精良，造型纹饰庄重高雅。成对保存，品相佳美，尤为难得。尤其是鼓面与束腰间饰以仰覆莲瓣，堪称神来之笔。

清 方座围栏腰双喜龙纹鼓面石礅

高三十五厘米 宽二十七厘米

方座厚实高大，四壁雕花，有双龙、池荷等纹饰。腰呈围栏鼓架形，开光内琢饰双喜字和桂花等花纹。面为鼓形，丰硕逼真，鼓钉历历。

清 方座八面围栏开光花卉鼓面石礅

高三十四厘米 宽三十三厘米

红砂岩，材色均佳。形制规整，造型优雅。束腰开光，浅浮雕各式花草。疏密得宜，动静相生，仿佛翻阅花鸟画高手的册页，美不胜收。

明　六方座束腰鼓面石礅

高四十四厘米　宽五十六厘米

天圆地方、台面圆鼓、底座六方，寓含『天一生水、地六成之』之意。品相佳美，形制古雅，寓意美好。

清　方座双层束腰八面围栏如意头鼓面石礅

高五十三厘米　宽四十厘米

李渔《闲情偶寄》：『土木之事，最忌奢靡。盖居室之制，贵精不贵丽，贵新奇大雅，不贵纤巧烂漫。』『首重者，只在一字之坚，坚而后论工拙。』这款石礅，石质精美，造型雄伟。不尚雕镂粉藻，虽缟衣素裳，依然令人刮目仰视。

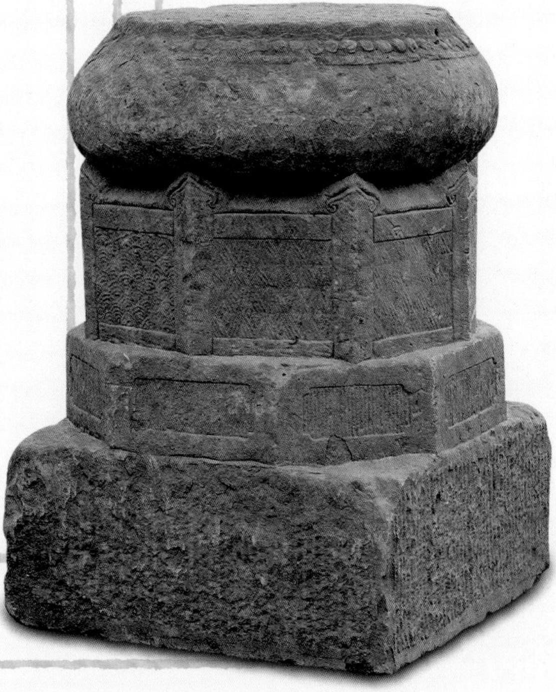

清　方座花卉如意头双层八面石礅

高四十九厘米　宽三十七厘米

这款石礅，形制复杂，层次丰富，雕饰满身。须弥座四个立面均作亚字形开光，内饰花卉。腰双层，皆作八面围栏式，底层转角处又高浮雕花结纹。穷工极巧，富丽烂漫。

清　须弥座围栏腰开光宁字纹鼓面石礅

高三十九厘米　宽三十三厘米

底座高大庄重，为须弥式覆锦座，腰呈八面围栏形，台面为一面端巧的扁鼓。造型稳重，垂锦和围栏开光内剔地浮雕各种花鸟和『宁』字纹饰。品相佳美。

清　方几式霞锦喇叭花云雷纹鱼缸

高二十四厘米　宽三十八厘米

造型似方几，更像画案，台面长方形，内挖长方形鱼池。不惜耗时费工琢出具象的四条内弯腿，同时刻饰云雷纹和花草。既可露天养鱼，亦宜登堂入室，颇具文人意趣。

清　高浮雕戏剧人物方形鱼缸

高三十二厘米　宽四十厘米

造型敦实粗犷，正面剔地高浮雕两位武士，脚蹲马步，一手擎天，身背刀、剑，形象生动，神情威武，仿佛尉迟恭与秦琼，降妖伏魔，避邪镇宅。

清 方座双层腰八面缠枝花鼓面石礅

高二十六厘米 宽三十三厘米

方座规整，与铺地砖相似。腰内束，底层八方，上层雕成八面鼓架形。扁鼓面丰满生动，腹部通景浮雕缠枝花纹。运斤如笔，技艺高超。

清 方座八面开光八宝纹圆台石礅一对

高二十八厘米 宽二十七厘米

成对形制，规整小巧。扁鼓形台面；八面围栏鼓架形立腰。底座四方规整。围栏开光内雕饰佛家八宝和花鸟图案，清新雅致。

清 双层方座束腰围栏吉祥花鸟鼓面石礅

高四十二厘米 宽三十四厘米

底座四方厚实，分上下两层，底层素雅，与铺地砖相同，上层四壁均开光雕花，这种底座设计十分罕见。腰内束，呈八方鼓架形，开光内所饰花鸟，生动逼真。鼓面壮硕丰满，与鼓架上下呼应，彰显力与美，具有很高的艺术价值。

清 方几座八方围栏开光鼓面石礅

高五十二厘米 宽二十七厘米

整器挺拔，层次丰富。仿生设计，生动传神。底座呈方柱形，下层粗疏，隐埋地面，上层镂空雕成方几形，四条圆柱腿，面覆锦。腰八方，为一堂围屏，屏风上雕饰杂宝花卉。台面为扁鼓形。材艺双美，品相一流。

清　方座束腰八面开光鼓面石礅

高三十五厘米　宽三十六厘米

方座敦厚，腰呈八方矮几形。鼓面一圈开光，呈椭圆内套海棠花形，十分别致。

清　方座圆台花草纹石礅

高四十六厘米　宽四十六厘米

这款石礅不论造型纹饰均独特新颖，具有很高的鉴赏价值。底座四方扁平。腰呈委角四方形，每一立面皆以万字锦纹打底，上开长方形开光，开光内剔地浮雕名花异卉。形象生动，寓意吉祥。面扁圆，分上下双层，若两个蒲团叠压在一起。上以花草纹饰边，下层琢成瓜棱形。可谓新奇大雅，匠心独运。

清　方座双层腰八面飞禽花卉鼓面石礅

高三十三厘米　宽三十四厘米

底座双层，四方与八方上下叠压，寓意四平八稳。八面围栏式腰，开光内雕琢立鸟、酒注等花鸟器具，充满生活情趣。

清　方座圆开光熊猫花卉纹鼓面石礅一对

高三十三厘米　宽二十七厘米

这对石礅有两点值得重点关注：一是须弥座四周之团扇形开光，上雕饰四季花鸟，可谓新奇大雅。二是围栏一角圆雕的大熊猫头像，神来之笔，具有重要的鉴赏和研究价值。

清　方座八面围栏开光如意头鼓面石礅一对

高三十六厘米　宽三十三厘米

成对保存，品相佳美，十分难得。鼓面丰满，刻划精细。腰呈八面围栏形，栏杆头为如意云头形。方座厚实，饰古砖纹。

明　方座霞锦束颈方台石礅一对

高三十厘米　宽三十一厘米

仿硬木家具，乃一对方杌宛然并列。方台面，束颈，颈上雕饰花珠，四条内弯腿，券形牙板，线条优美，庄重典雅。成对保存，品相佳美。花几坐具，俱臻妙境。

清 方座八面围栏莲瓣纹鼓面石礅

高三十二厘米 宽三十一厘米

圆形台面，外壁刻划多重仰莲瓣，显然匠师将其描摹成一枝含苞欲放的荷花。而石质围栏仿若缩小版的庭院荷池，一派夏日清趣。

清 方座双层八面高束腰开光如意头鼓面石礅

高三十七厘米 宽三十四厘米

面呈扁鼓形。腰微束，八方鼓架形，素面开光，杆头饰如意纹。底座双层，下厚上薄，四方八面，寓意四平八稳。

清 方座双层八面开光玉兰花纹鼓面石礅

高四十五厘米 宽三十八厘米

鼓面丰盈纤巧，底座方正敦厚。腰高立，双层八面，错落有致，十六个开光图画内水波荡漾、鲜花永驻。这款石礅完美地体现了天圆地方，天覆盖、地承载、中间是人间万象四季如春的设计理念和深厚寓意。

清 方座双层八面围栏开光花卉圆台石礅

高三十二厘米 宽三十二厘米

方座扁平若铺地砖。腰分上下两层：底层八方素面；上层雕成围栏鼓架形，开光内剔地浮雕花朵、墨鱼等动植物纹样，精细逼真，仿佛科普挂图，颇具研究价值。

清 一路连升戏剧人物门当

高三十一厘米 宽六十二厘米

红砂岩为材。三个立面均开圆形开光，陷地深浮雕莲花、鹭鸟和戏剧人物，寓意一路连升、加官进爵。

清 方座光宗耀祖花草纹圆口花盆

高二十四厘米 宽二十六厘米

造型独特，口高圆小巧，身四方高大。正面高浮雕大宅门庭，两侧为兰花。大宅门庭这种题材十分少见，具有支撑门楣、光宗耀祖的寓意。

清 方座束腰八面素纹鼓面石礅

高三十二厘米 宽三十二厘米

鼓面丰满生动，架子腰刚劲有力，底座方正敦厚。整器张弛有度，刚柔并济，洗尽铅华，出水芙蓉。

清 覆锦须弥座八面围栏开光花卉纹圆台石礅

高四十七厘米 宽三十三厘米

底座高大厚重，须弥式覆锦装饰。八面围栏腰与扁鼓面相对较小，不及二分之一体积，开光内饰朵花，与鼓腹所饰朵花上下呼应。『野火烧不尽，春风吹又生』，这样的题材寄托了古人对房屋历劫不灭，世代传承的良好愿望。

清 方座双层八面开光缠枝莲纹鼓面石礅

高三十七厘米 宽三十三厘米

天覆盖、地承载，中间为人间万象。这款庄重挺秀的石礅，很好地演绎了这种理念。扁圆的鼓面是天，厚实四方的底座是大地，而双层八面的高束腰是人间万象，共有十六个开光，寓意世间万物，生生不息。鼓面还有精细的缠枝莲纹装饰。是材、艺、意三美的作品。

明 龙纹鼓礅一对

高四十二厘米　宽六十厘米

这种形制，为坐具，形如鼓，称鼓凳，作为柱础，更是十分普遍常见。然而其腹部开光雕饰龙纹和梅纹，使其等级和品位变得十分尊贵和高雅。细审龙纹，与明代嘉万时期官窑青花龙纹如出一辙，可见其地位之尊荣高贵。

清　方座圆台八面高束腰绳纹石礅一对

高五十厘米　宽三十厘米

方座成矮几形，腰成八方柱状。台面似扁鼓，台面下凸雕一圈粗绳纹，乃蒲团圆垫也，亦庄亦谐，神来之笔。

清 方座双层腰八面开光花卉如意头鼓面石墩一对

高三十八厘米 宽三十七厘米

双层高束腰最具丰采。上下皆八方，错落有致。下层每面均开委角长方形开光，内饰名花异卉；上层围栏形，素雅简洁。可谓繁简有度，相映成趣。

清 覆锦须弥座八面围栏开光动物花卉纹圆台石墩一对

高四十一厘米 宽三十六厘米

底座四方双束腰，上覆锦纹，内浮雕飞禽走兽。八面围栏腰微内束，开光内浅浮雕各式名花异卉。扁鼓形圆台面，亦刻饰朵花祥云，与腰和底座纹饰相呼应，给人以鸟语花香、四季如春的美感。

清　方座八面围栏束腰开光鼓面石礅一对

高四十厘米　宽四十厘米

这对保存完好的石礅，虽然也是天、地、中三结合造型，却由于腰部结构独特而格外引人注目。腰有上下二层之分，下为习见的八方立柱，上圆收，与扁鼓面外缘形成优美的曲线。

清　方座八面围栏开光鼓面石礅一对

高四十六厘米　宽三十六厘米

圆鼓台面。高束腰，呈八面围栏鼓架式，底座四方厚实。方正圆浑，素雅大方。

清　香几式方座八面围栏腰开光花卉鼓面石礅

高三十六厘米　宽三十二厘米

底座四方，琢成方几式，腰呈八面围栏形，上置扁鼓。围栏面上雕饰各式花朵。通过这件文物，我们可以明确，匠师造型设计的灵感来源于真实的现实生活。一面扁鼓安于鼓架上，鼓架下承托着一张矮方几。

明　方座鼓面高束腰石礅一对

高五十一厘米　宽三十五厘米

底座四方扁平，高束腰，呈八面立柱形，面扁圆，分二层，为扁鼓托圆饼形。造型端庄实用，纹饰简洁素雅。

雕栏玉砌今犹在

明 方座六方香几托围栏高束腰开光鼓面石礅

高三十八厘米 宽三十八厘米

底座四方厚实。六方高立腰，分上下两层，底层为六方香几形，上层为开光围栏，面呈圆鼓形，丰满具象，十分逼真。

明 荷池纹门礅

高四十六厘米 宽四十六厘米

造型独特，主要体现在腰部也呈圆鼓形，巨大的开光上刻饰一池风荷，局部过墙入鼓面，颇具诗情画意。

清 方座双层八面腰开光莲瓣纹鼓面门礅

高四十二厘米 宽三十八厘米

这款石礅，不论石质、造型、还是雕琢工艺和保存情况，均称精美，值得重点关注。

清 方座束腰八面开光花卉纹鼓面石礅

高三十二厘米 宽三十二厘米

扁鼓面。八面立柱形高束腰，开光内刻饰折枝花卉。底座四方厚实。庄重大方，保浆古雅。

明 海马吉祥花纹门当一对

高三十九厘米　宽五十六厘米

形制规整，成对保存。三面开光，剔地浮雕海马和吉祥花卉。石质致密，纹饰精细，犹如砖雕又胜于砖雕。

清 方座双束腰如意头鼓面石礅

高五十四厘米 宽四十厘米

基座四方厚实，鼓面丰满灵秀，中腰挺拔内敛，整器造型如青春少女亭亭玉立。腰部结构分上下两层，底层宽矮为须弥座式，上层仿生设计，为八面围栏的鼓架形象。鼓架上承托扁鼓，形神俱足，体现了极高的艺术水准。

明 双层须弥座覆锦托莲瓣纹圆台石礅

高三十四厘米 宽四十一厘米

由面与座两部分组成。面呈圆雕的南瓜形，形象丰满，底部刻饰仰莲瓣。座四方厚重，雕凿成双层须弥座式，且琢出覆锦装饰。须弥座和莲瓣纹均与佛教文化有渊源关系，并最终融入传统的造型和装饰艺术中。形制古雅，品相佳美，诚难得精品。

清 香几覆锦方座八面围栏开光花卉纹鼓面石礅

高四十五厘米 宽三十厘米

座四方厚实，雕琢成香几覆锦式，腰八方，呈八面围屏形。四方八面，平稳庄重。面为圆雕的扁鼓，纤小丰腴，生动立体的莲瓣纹装饰，更显轻盈灵秀。整器方正圆浑，雕饰满身，材艺双美。

清 须弥座八面围栏开光花卉纹鼓面石礅

高五十厘米 宽三十一厘米

底座四方高大，须弥式覆锦，锦帏上浮雕花卉纹。八面栏鼓架，海棠花形开光，内饰瓜棱、荷花等图案。扁鼓形面。品相佳美。

清　须弥座束腰八面开光花卉纹石礅一对

高四十二厘米　宽三十二厘米

『宝马玉带』是古人的风光和追求。这对石礅，材艺双美，品相完好，十分珍贵。台面方中寓圆，八个长方形开光，即玉带缠在腰中，体现身份和地位。腰为圆雕的仰覆莲瓣，具有清廉吉祥的寓意。底座高大厚实，琢成须弥式，为佛家造型，别具圣洁之含义，四壁垂如意云阶形开光，开光内浅浮雕勾连云纹，线条精细流畅，雕石如琢玉，令人赞叹！

清　方座三国人物故事纹鼓面石礅

高四十五厘米　宽三十五厘米

圆鼓面。腹部开银锭式开光，内饰瓜棱纹，四周饰个字形围栏。腰四方须弥式，四壁饰锦帏，内浮雕三国人物故事，内容丰富，刻画生动。座为四方台几形，鼓腿彭牙，下承托泥，形象逼真。形制独特，纹饰精美。

清　方座八面围栏束腰开光鼓面石礅

高四十五厘米　宽四十厘米

鼓面丰满敦厚，底座四方扁平。双层内束腰。造型端庄，曲线优美。

清 金钱如意鼓形石礅

高四十一厘米 宽二十五厘米

整个造型似一枚腰鼓。顶部刻覆莲瓣，底部饰以荷叶，上下呼应，出淤泥而不染。腰部陷地雕饰交叉的钱纹，仿佛瓷礅之镂空装饰。

明 覆莲瓣缠枝花鼓形石礅一对

高三十七厘米 宽三十三厘米

整器圆鼓形，腹部通景浮雕缠枝花纹，耗工费时。用作坐凳，最为适宜。

清 开光缠枝花卉纹鼓墩三件套

高三十六厘米 宽三十六厘米

三件成套。规格、造型和纹饰皆相同，宜一体收藏鉴赏。可作厅堂坐具，桃园三结义，颇为古雅。

清　方座八面高立腰开光花卉纹石礅

高七十一厘米　宽三十七厘米

扁鼓面与四方座扁仄低调，中间立柱腰颀长挺拔，呈八面围屏式，屏面浅浮雕各式花鸟画面，美不胜收。

清　方座八面高立腰开光花卉纹石礅

高八十厘米　宽三十五厘米

形制与上图之石礅相似，可一体收藏鉴赏。陈设在厅堂或庭园，上置盆花或香炉，便是高雅古趣的花几和香几。

清 方座八面高立腰花卉莲瓣纹石礅

高七十九厘米　宽三十六厘米

造型挺拔，亭亭玉立，这种石礅多见于豪门大宅内之戏台、厅堂，纹饰考究，供人欣赏。

清 方座束腰圆柱形石礅一对

高一百厘米　宽四十厘米

这是石礅与石柱的组合体。圆柱顶端有卯孔，便于与木柱榫卯相接。木建筑最忌水火，尤其是厅堂廊沿等位置。古代匠师便将木柱的底端改作石材。这对完整保存的实物，成为石礅与木柱结合使用的活材料，在今天又赋予更多装饰陈设的空间。

清 方座双层八面几托围栏花卉鼓面石礅

高三十六厘米　宽三十四厘米

扁鼓面，朴实无华。腰分上下两层：下层八方矮几形，形制简洁，线条刚柔相济；上层为八面围栏鼓架，栏框内刻饰绣球、桃花等花朵，稚拙可爱，一派春日浪漫气象。底座四方厚实。

清 方座束腰八面开光花卉鼓面石礅

高三十三厘米　宽四十三厘米

底座四方扁平，微束腰，八面围栏式。栏杆雕琢成竹节纹，开光内剔地浮雕梅、兰、松、竹等文人画题材。扁鼓面形象逼真，同时在鼓腹刻饰万寿纹，可谓雕工满身，千文万华。

雕栏玉砌今犹在

清　香几式方座荷叶纹鼓面石礅

高四十四厘米　宽二十八厘米

这是一款仿生设计的石礅杰作。底座是一张方几，下承托泥，仿生生动逼真，对于研究当时家具样式是重要的实物资料。面是扁鼓安置在方几上，中间隔一八棱式鼓托和一张舒卷的荷叶，仿佛有清风徐来。创意独特，雕琢精良，动静得宜，令人叹绝。

清　方座八面高束腰开光水波纹鼓面石礅一对

高三十八厘米　宽三十三厘米

成对形制，品相佳美。造型方正圆浑，端庄而不失丰腴，纹饰素雅，简洁中透出沉静自信。

清　方座八面围栏开光花卉鼓面石礅一对

高二十五厘米　宽二十四厘米

石质精良，品相佳美，成对保存，尤称珍贵。圆鼓面采用圆雕技法，形象丰满逼真。底座四方扁平，八方围栏腰高耸挺拔，开光内花鸟画面清晰生动，颇具艺术感染力。

清 须弥座八面围栏香茗纹鼓面石礅

高四十一厘米 宽二十七厘米

须弥式覆锦纹底座，高大厚实，鼓架式高束腰，扁鼓面。这款石礅不仅造型高挑别致，纹饰尤为新颖，有初放的莲花，更有古人很少涉及的春茶芽头，一芽四叶，生机无限，是茶文化研究的重要实物资料。

清 方座八面开光鼓面石礅

高三十八厘米 宽三十四厘米

李渔《闲情偶寄》云：『凡事物之理，简斯可继，繁则难久。顺其性者必坚，戕其体者易坏。』此款石礅造型敦实平易，装饰简约自然，可谓深谙事物之理者也。

清 方座八面开光花卉纹石礅一对

高四十五厘米　宽四十厘米

这是一对造型和纹饰皆独特的石礅。可分解为面与座二层结构。座两层，四面八方，寓意四平八稳。面亦两层，由扁鼓和圆饼面组合而成，彼此间由肥厚的蕉叶纹覆盖。蕉荫纳凉避雨，为文人画主题之一，将它移植到石礅纹饰中，可谓相得益彰。

清 香几覆锦方座托鼓面石礅

高三十三厘米　宽三十五厘米

底座厚实，乃仿香几造型，虚实得宜，上覆一面扁鼓。这款造型乍看只有二层结构，其实还是三层，因为方几下的托泥便是底座，而覆锦方几则为其腰部结构。

清 方座八面围栏开光花卉绳纹鼓面石礅

高三十三厘米　宽三十三厘米

方座敦实粗犷，鼓面丰满圆润。八面围栏以粗绳纹穿系，既平易实在又富艺术张力。

明　四方香几托铺首纹香炉

高七十三厘米　宽三十六厘米

这是香几和香炉连体圆雕的石雕佳作。四方香几仿自木作，而香炉则摹自晚明盛行的铜香炉。石匠为百工之首，洵足证也。

清　须弥座八面围栏人物故事花鸟纹旗杆礅一对

高四十五厘米　宽二十八厘米

旗杆礅成对，造型高挑，层次丰富。双层须弥座覆锦。八面围栏腰；开光内雕饰人物故事和花鸟图案。菱边圆台，中凿圆孔，便于插旗杆。

清　吉字形凤穿牡丹纹石礅一对

高四十一厘米　宽三十五厘米

造型独特，品相佳美。吉字形，天地为长方形，中间呈圆鼓状。前后面浮雕凤穿牡丹图案，寓意富贵吉祥。侧面高浮雕七道弧棱，这种纹饰为古代高官之纹饰，所谓七梁发冠也。

明 高束腰方座托围栏灵禽纹圆台石礅

高三十七厘米 宽二十七厘米

底座高大厚实，四面高浮雕瓦当形开光，开光内刻饰花卉灵禽。八面围栏腰托圆台面。围栏开光及出角处高浮雕花卉和瑞兽。

清 方座八面围栏花卉铺首圆台石礅一对

高四十四厘米 宽三十厘米

鉴赏石礅同文学作品一样，既有汉赋之铺陈繁复，又有唐诗之意境高远。这对品相佳美的石礅，便有六朝辞赋的美。层次众多，结构复杂，更兼各种纹饰，布满每一个可资装饰的空间，铺陈夸饰，锦绣满地，此之谓也。

明　六面围栏托圆台八宝纹石礅一对

高三十二厘米　宽四十厘米

面扁圆，底六方。按《易经》『天一生水，地六成之』，不仅浓缩古人之天地观，而且将古代建筑十分注重防火消灾的意愿亦巧妙地融汇其中。

明　方座圆几腰瓜棱绳纹石礅

高五十一厘米　宽五十一厘米

这是一款典型的明代石礅。底座四方，质朴厚实。腰为仿圆台几形象，鼓牙彭腿，惟妙惟肖，面为扁鼓形，下垫粗绳纹，清雅自然，最具时代特征。

明　方座鼓腰缠枝莲纹圆台石礅

高四十三厘米　宽三十八厘米

底座双层，四方八面，四平八稳。腰仿圆鼓形，形状纹饰，一丝不苟，穷工极巧。面扁圆，若蒲团置于圆鼓上。

明 四方高束腰花卉纹石礅

高三十九厘米 宽三十九厘米

这种形制的石礅，专门为承托方形立柱而打造。底座刻饰古砖纹，古雅实用。腰部四方均饰花纹。台面四方，而线条圆弧，且饰缠枝花草，可谓方中有圆，刚柔兼备。

清 方座束腰双层八面围栏开光鼓面石礅

高四十一厘米 宽四十厘米

规格高大，造型端庄，束腰得宜，仿若曲线优美的少妇。置之中庭，或养花或熏香，清雅之致。

明 方座八面高立腰三羊开泰太师少师夔龙纹旗杆礅

高六十二厘米　宽六十厘米

规格高大，形制复杂，时代古老，品相佳美。底座四方，双层相叠。腰亦分上下，下层为八方立柱形，开光内陷地深浮雕三羊开泰、太师少师等纹饰。上层圆弧内收，通景剔地浮雕夔龙纹。面为扁平的瓜棱形。中间凿出方孔，由此观之，这款作品应为旗杆石礅。

雕栏玉砌今犹在

明 方座八面开光花卉圆台石礅

高四十厘米 宽四十六厘米

扁鼓形圆台面，八方立柱式腰，四方厚实底座。典型的天圆地方人间万象结构。八方立面开光，或光素或饰花卉，虚实相间，文质彬彬，品相佳美，包浆古雅。

清 方座八面开光花卉纹鼓面石礅

高四十一厘米 宽三十六厘米

鼓面壮硕丰腴，饰以覆莲瓣，腰紧凑内束，开光内浮雕瓶花福字等纹饰，刀法精细。底座四方，粗壮厚实。整器浑厚庄重，刚柔相济，且品相佳美，值得鉴藏。

清 方座六面围栏开光花卉鼓面石礅

高三十一厘米　宽二十九厘米

底座四方扁平，腰为六面围栏，乃鼓架之实景写照也。上置一面扁鼓，铜钉历历，吊环赫然，形神兼备，仿佛触之有声。匠师采用这种艺术化造型，除了稳固坚实符合实用功能，还有鼓声高昂，具有功名有望、振扬家声的深刻寓意。

明 方座八面束腰鼓面石礅

高五十厘米　宽五十八厘米

四方底座，八面立柱腰，四平八稳，庄重大气。扁鼓面上又雕饰圆饼形垫，平添别致优美。

清 方座八面束腰双层开光花卉鼓面石礅

高三十七厘米 宽三十五厘米

造型端庄，结构严谨。鼓面和海棠花形开光之线条优美流畅，而四方座与八面腰之线条则刚劲有力。所谓方正丰腴，刚柔相济，此之为证也。

清 方座八面围栏开光花卉如意头鼓面石礅

高三十五厘米 宽三十三厘米

底座四方扁平，八面围栏雕琢精细，每个开光内均饰生动逼真的名花异卉。面呈扁鼓形，丰满生动。

清 方座束腰八面围栏开光花卉纹鼓面石礅

高三十五厘米 宽二十八厘米

底座四方，琢成秦砖式，古雅生趣。八面围栏腰微内束，使扁鼓面更加立体丰满。造型挺秀，纹饰简洁，品相佳美。

清 方几覆锦座圆台石礅

高四十三厘米 宽三十二厘米

圆台面，上高浮雕朵花。座为方几承托泥式，上饰覆锦纹。形制独特，保存良好。

清　覆锦方座束腰围栏鼓面石礅

高四十三厘米　宽三十厘米

底座壮硕，设计成四方台几形，束颈覆锦帏。腰内束，模仿井字形围栏，结实敦厚，十分逼真，上托扁鼓圆台，稳妥贴切。

清　覆锦方座围栏开光花卉纹鼓面石礅

高四十厘米　宽二十七厘米

须弥式高底座，上饰覆锦纹，八面围栏式鼓架，开光内饰花卉。台面扁圆，状若扁鼓，纹饰素净。

清 开光戏剧人物故事纹门当

高四十厘米 宽五十二厘米

规格高大，品相佳美。三面开光，陷地高浮雕人物纹饰，或为戏剧故事，或为生财童子，寓意美好。

清 麒麟纹门当

高三十七厘米　宽五十五厘米

门当，门面也。往往材艺双美，令人激赏。这款门当，青石质，体制完备，保存良好。三面用高浮雕技法饰吉祥动物，有麒麟、海兽等，精雕细琢，一丝不苟。

明 方形束腰开光花卉门礅

高四十一厘米　宽三十七厘米

这种方形门礅，上承方形门柱，且为过往方便而设计，底端外侈，既稳实又美观。三面有正方形开光，雕琢吉祥花纹，一丝不苟，形象生动美丽，仿佛一个个玉雕板镶嵌在上面。

清 方座束腰八面开光花卉鼓面石礅

高三十四厘米 宽三十七厘米

束腰设计，平添灵秀之美。底座四方扁平，刻饰秦砖纹。腰分二层，下层八方扁平，上层为八面围栏式，开光内饰花鸟草虫，充满生活情趣。面呈扁鼓形，写意生动。

清 方座双层腰八面开光缠枝花纹鼓面石礅

高二十六厘米 宽三十三厘米

品相佳美，殊为难得。圆鼓面，四方底。腰双层八面，底层雕琢成八方八腿的矮几形，生动有致；上层为八面围栏式，状物精准。鼓腹剔地浮雕缠枝花纹。实用功能与艺术造型完美结合。

雕栏玉砌今犹在

清 方几座镂空花卉鼓面石礅

高五十厘米　宽三十五厘米

圆鼓面丰满壮硕，下腹刻饰牡丹花瓣，富丽大气。腰与底座作连体的形象设计，为一张方几承托泥之造型。方台面，抛牙板，四脚内弯腿镂空圆雕，顶端又饰以盛开的牡丹花。形制别致，材艺双绝，精工极巧，堪称杰作。

清 方座双层腰八面开光鼓面石礅

高五十二厘米 宽三十八厘米

结构严谨，造型挺秀。装饰素雅，保存良好。

明 高浮雕狮子绶带圆台石礅

高五十六厘米 宽三十厘米

圆台方座朴实无华。高大的腰部则浓墨重彩，精心设计，一头伏狮口衔绶带，威猛生动，另饰盛开的莲瓣纹，无不传递出美好吉祥的寓意。

清　方几座六面高立腰圆台石礅一对

高八十一厘米　宽三十二厘米

这种石礅为厅堂戏台等火烛兴旺之地而专门设计，挺拔俊美，成对保存，十分难得。底座为小方几覆锦式。高立腰呈六面围栏形，顶呈扁鼓形，刻仰莲瓣纹。适于厅堂陈设，或作花几、香几之用，满室生雅。

清 须弥座束腰围栏瓜棱花卉圆台石礅一对

高四十八厘米 宽三十九厘米

这对品相佳美的石礅，不论造型纹饰均给人以新颖别致的美感。底座须弥式，又镂空雕出瓜棱纹。束腰围栏开光内，不仅有花卉，还有人物纹。扁鼓形的台面，其雕刻纹饰也是与众不同，真可谓穷工极巧，匠心独运！

清　方座四方开光葵瓣纹圆台石礅一对

高三十五厘米　宽三十四厘米

红色粉砂岩，软硬适度，质地细密，色泽沉静，形制独特。腰呈四方立柱形，四角起棱，四面开委角长方形开光。面扁平，雕琢成葵花形，颈部加饰一圈粗绳纹；在传统文化中，葵花喻赤胆忠心。石色与寓意完美融合，可见匠师因材设计的苦心孤诣。

清　香几座束腰缠枝纹八棱鼓面石礅一对

高四十三厘米　宽三十厘米

底座高大厚实，雕琢成束腰三弯腿的方几形，顿去笨重之累。腰与面均作八面八棱的形象，而方中寓圆，同时两者之间以束颈处理，使这对石礅既新颖又灵动。

明 须弥覆锦座花卉葵瓣纹鼓面石礅

高四十四厘米 宽四十四厘米

红色砂岩为材，材色双美。造型与纹饰也别具新意。底座高大，为双层须弥座形，上覆锦，锦帏上雕饰精细的花卉。台面扁鼓形，雕饰丰富，仔细鉴赏，应是模仿葵花之形。葵花寓意忠赤，而匠师对红色石材均作葵花之设计，可谓用心良苦。

雕栏玉砌今犹在

清　方座托覆锦香几鼓面石礅一对

高四十二厘米　宽三十厘米

基座四方厚实，呈方砖形，腰为一张束颈的小香几，上覆方锦，四角垂地，垂珠历历。一面圆鼓安静地放置在锦面上，何等的妥贴雅致！石礅之用真是辱没了它们！

清　方座八面围栏开光鼓面石礅一对

高三十八厘米　宽三十六厘米

底座四方敦厚，乃方砖形象。腰为八面围栏式鼓架。上托扁鼓，形成圆形礅面。这是经典的形制，实用功能与艺术造型相结合，四平八稳，振扬家声。

目前，收藏古玩、投资古玩持续升温，并进入理性调整阶段，因而这批石礅非常值得关注。这主要有三点：一是这批石礅准入的门槛低，表现在真假容易辨别和市场价位较低上。二是它们的稀缺性。不要认为石礅普通平常，到处都有，随着我国经济的持续高速增长，这几年各地开始重点抓文化建设。浙江周边的省份早已严禁文物级别的石礅外流，且已着手回购以资修缮古建筑。三是它们属于古玩中的耗材。这句话怎么理解？我们的解释是，石礅和一些老红木家具一样，兼具家常实用与文化鉴赏的双重功能，一旦有人相中，便直接搬到家中，被主人安置在适宜的位置上，它们不会像收藏宋五大名窑、元青花那样再次流向市场以博取高额回报。

清　须弥座八面围栏开光寿桃花卉纹鼓面石礅

高四十四厘米　宽三十二厘米

须弥座高大庄重，覆锦开光内饰以花枝花卉，庄重中显出清丽妩媚。围栏面雕饰肥硕的寿桃和简洁的朵花。栏内置一面扁鼓，形成台面。寿桃装饰十分少见，令人耳目一新。

清　四面开光吉祥如意纹长方形门礅

高三十厘米　宽四十厘米

这款门礅，最引人关注的便是这幅主题画面，剔地浮雕，地子洁净。瑞兽形象独特新奇，牛首狮身猪蹄，而双角饰以灵芝祥云，身上毛发又若狮子卷毛，口衔缠枝花草。体现了匠师的浪漫想象和主人的美好祈愿。

从政府到民间，现在都热衷于追求文化品位。政府层面是古建筑修复到各种博物馆和文化广场的建筑，个人和团体则是别墅、排屋、茶楼和会所的经营方兴未艾。石礅之古雅庄重不惧风雨，已成为不可或缺的文化消费品。清初李渔《闲情偶寄》“零星小石”条谓：“贫士之家，有好石之心而无其力者，不必定作假山，一卷特立，安置有情，时时坐卧其旁，即可慰泉石膏肓之癖。若谓如拳之石亦须钱买，则此物亦能效用于人，岂徒为观瞻而设？使其平而可坐，则与椅榻同功；使其斜而可倚，则与栏杆并力；使其肩背稍平，可置香炉茗具，则又可代几案。花前月下，有此待人，又不妨于露处，则省他物运动之劳，使得久而不坏，名虽石也，而实则器矣。且捣衣之砧，同一石也，需之不惜其费；石虽无用，独不可作捣衣之砧乎？王子猷劝人种竹，予复劝人立石。”先贤之述备矣，夫复何言！

清　方座束腰围栏花卉纹鼓面石礅

高四十三厘米　宽三十二厘米

座四方双层，底层平实，上层微内收，四面均开光饰纹；腰内束，为形象生动的鼓架形，上托圆鼓形神兼备，栩栩如生；鼓架栏杆如意头外侈的细节更是充满艺术张力。

清　方座双层束腰八面开光花卉万字纹鼓面石礅

高四十一厘米　宽三十三厘米

造型高挑，平添高雅之感。围栏腰之开光，刻饰卍字纹，既别致又典雅。石质优良，品相佳美。

明　方几座束腰富贵吉祥鼓面石礅一对

高三十八厘米　宽三十三厘米

这是一款材、艺、意三绝的石礅。石质坚美，可雕可镂，水火难蚀，风寒不侵。形制纹饰，匠心独运。四方底座雕镂成方几承托泥式，规模制度，形神俱足，仿佛一张明式黄花梨家具宛然在前。尤为出色者乃束腰之经营，扬弃习见之八面围栏模式，高浮雕八朵竞相怒放的牡丹花。牡丹寓意富贵，因此这款石礅向世人传递出富贵八方、家声香远的美好寓意。

和汗水，同时浙江文化艺术品交易所、杭州爱瑞文化策划有限公司、浙江新远投资管理有限公司、曼陀罗艺术品基金等文化企业也给予了相当的关注和支持。

现在这本耗费了我不少心血的图书行将出版，回首这一年多来的经历，真有诸事缠身、心力交瘁之叹！因为在这一时间节点内，我同时承担了多项文化工程。一是浙江省博物馆孤山馆区陶瓷新馆的内容设计和工程施工监督；二是杭州市园林文物局吴山管理处宝成寺石刻造像保护和配套陈列改造的内容设计；三是引进韩国新安海底沉船出水文物和康津郡出土青瓷文物在浙江省博物馆武林馆区展览，其间二度赴韩负责交接文物。由于分身乏术，我被迫放弃了早就获得国家文物局立项资助的重点研究课题《浙江金衢盆地宋元时期窑业遗存的调查和研究》。当然放弃更多的是节假日和休息时间。

石礅，委地而立，沉默无语，向不为人所重，学术研究也是空白，没有可资借鉴的资料和成果，因此，本书中无论是单件的鉴赏文字，还是长篇的通论文章，我只能是自辟荆莽，敝帚自珍了。

蔡乃武

二零一三年六月于西湖孤山

后记

石礅这些石质建筑构件，对于已过不惑之年的人而言，曾经是习以为常的东西。改革开放之前，我国的建筑还是传统的木石结构，因此不论生长在乡野还是城镇，住的是简陋的茅草屋还是考究的砖瓦房，他们都能在孩提时代就对石礅有亲密的接触，并能在高大轩敞的祠堂庙宇和别墅园林中欣赏到更为精美气派的石雕作品。

随着我国经济的迅猛发展和城市化的快速推进，我们这些人被时代前行的浪潮所裹挟，努力拼搏力争上游，最终局促在现代城市的钢筋水泥丛中而茫然失措。而那些曾经栖身和瞻仰过的寻常民居和画堂清斋则不断地被历史的烟尘侵蚀、吞噬，如同一代人已然逝去的青春和生命。

人生步入中年，倦鸟欲返，瞻前顾后。因此当他们在杭州的西湖文化广场、萧山博物馆及和平会展中心的陈展大厅忽然看到这批石礅时，无不屏息静心，驻足细赏。那种淡定从容、肃穆虔诚，是对故乡的一丝眷恋，是对童年的一份缅怀，是对一个时代的记忆，更是对历史和文化的一种认同和执着。

去年四月，张殷禔和吴植军两位先生邀我鉴赏这批石礅。行前我尚不以为然，但当在滨江和桐乡的两个基地见到实物时，我便被巨大的收藏规模和精湛的石雕工艺深深吸引了，同时对张、吴两位的魄力和眼光由衷感佩。于是我便答应他们，不管多忙，也会腾出时间和精力参与这批石雕建筑构件的整理、鉴赏，并编著图文并茂又具有相当学术价值的专著公开出版。

匆匆一年多时间，石礅的整理、展览顺利，取得了良好的社会效益。这里凝聚了许多朋友的智慧

图书在版编目（CIP）数据

雕栏玉砌今犹在 ：汉中古建筑石礅艺术鉴赏 / 蔡乃武编著. -- 杭州 ：西泠印社出版社，2013.8
ISBN 978-7-5508-0725-9

Ⅰ. ①雕… Ⅱ. ①蔡… Ⅲ. ①古建筑－石雕－建筑艺术－鉴赏－中国－汉代 Ⅳ. ①TU-852

中国版本图书馆CIP数据核字(2013)第073240号

统　筹：张殷禔
征　集：吴植军
摄　影：郑旭明

雕栏玉砌今犹在　汉中古建筑石礅鉴赏

蔡乃武 编著

出品人　江　吟
责任编辑　杨　舟　吴心怡
责任出版　李　兵
出版发行　西泠印社出版社
地　址　杭州市西湖文化广场32号E区5楼
邮　编　310014
电　话　0571—87243279
经　销　全国新华书店
设计制作　杭州真凯图文设计制作有限公司
印　刷　杭州人民印刷有限公司
开　本　889 mm × 1194 mm　1/16
印　张　13.75
书　号　ISBN 978-7-5508-0725-9
版　次　2013年8月第1版　2013年8月第1次印刷
定　价　280.00元